课件实例效果赏析

认识钟表

整时
分针指着12，时针指着几，就是几时。

半时
分针指着6，时针走过几，就是几时半。

机械功

思考

观察下列的情况，怎样才叫“做功”？

作用在物体上的力，使物体在力的方向上通过了一段距离，就说这个力对物体做了机械功（简称做功）。

生物七年级上

植物花的结构

花药
花丝
花瓣
花萼
胚珠
花托
柱头
花柱
子房
花柄

关于《左传》

《左传》是一部编年体史书，原名为《左氏春秋》，汉代改称《春秋左氏传》，简称《左传》。旧时相传是春秋末年左丘明为解释孔子的《春秋》而作。《左传》实质上是一部独立撰写的史书。它起自鲁隐公元年（公元前722年），迄于鲁悼公十四年（公元前453年），以《春秋》为本，通过记述春秋时期的具体史实来说明《春秋》的纲目，是儒家重要经典之一。

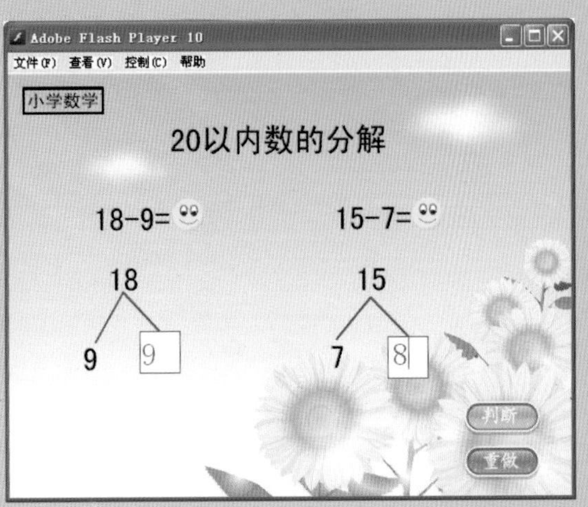

课件实例效果赏析

初中物理多媒体课件

乐声和噪声

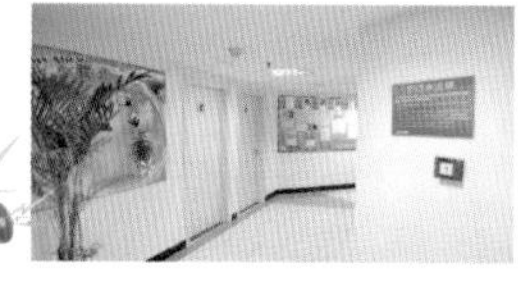

从物理学的角度看，噪声是指发声体做无规则的杂乱无章的振动时发出声音。

从环境保护的角度看，凡是妨碍人们正常休息学习和工作的声音以及对人们要听的声音起干扰作用的声音，都属于噪声。

反应时间

$$h = \frac{1}{2}gt^2$$

$$t = \sqrt{\frac{2h}{g}}$$

太 阳 能

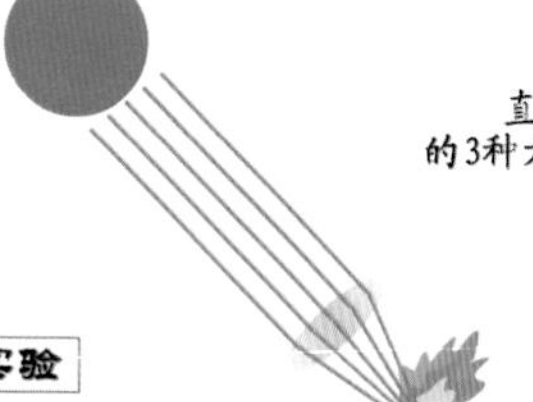

直接利用太阳能的3种方式：

（1）转化内能

（2）转化为电能

（3）转化为化学能

小实验

用凸透镜对着阳光，在凸透镜下方的小纸片中产生聚光点，经过一段时间后，小纸片会不会被点燃？

第25章 能源和能量守恒

高中物理第二册

单分子油膜法测分子直径

第一步：产生油膜

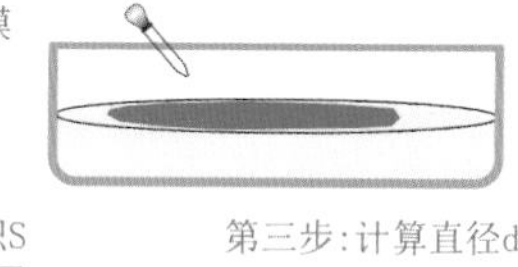

第二步：测量面积S

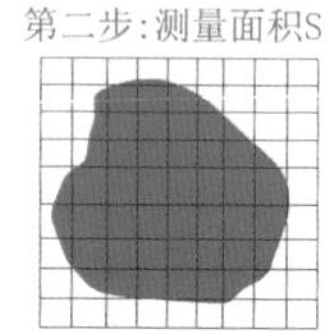

第三步：计算直径d

d=V/S

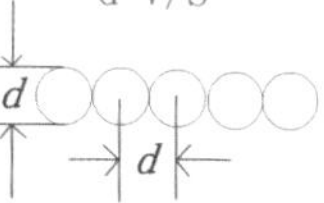

地球的自转

制取无水氯化铜

无水氯化铜

分子式：$CuCl_2$

分子量：$CuCl_2$=134.45

性　状：棕黄色粉末。易潮解。溶于水、醇、丙酮和热硫酸。

熔点：620℃。有毒。密封保存。

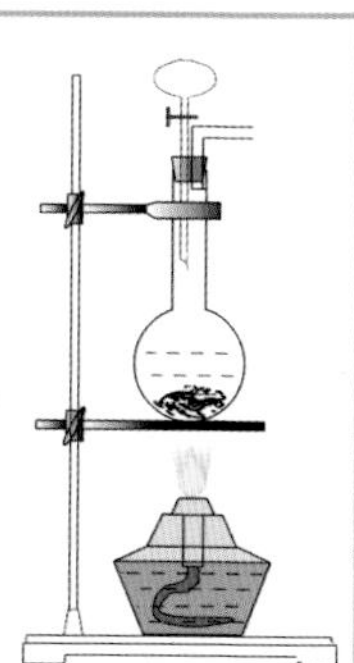

课件实例效果赏析

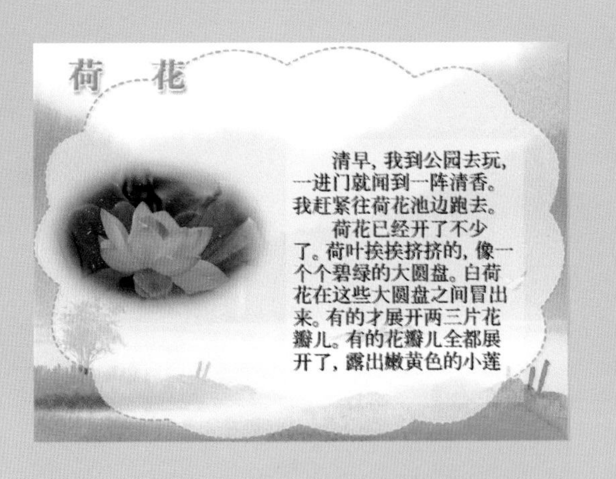

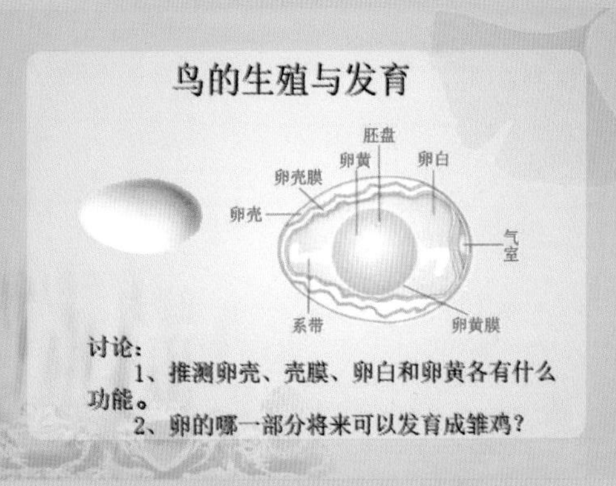

铁 的 性 质

1. Fe在氧气中燃烧，反应剧烈，有大量的热放出。为防止燃烧的金属触及集气瓶壁，使瓶局部受热而炸裂，最好使用容积稍大的250ml集气瓶，瓶里要预先装少量水或在瓶底铺上一层细砂。
2. 铁丝在氧气中燃烧的实验，需要较纯净的氧气，因此需要应用排水法进行收集。为防止做引燃物的火柴梗燃烧时消耗瓶内的氧气，点燃火柴梗后要待其将近燃尽时再将铁丝送入氧气瓶里。

跟氧气反应

$3Fe+2O_2 \xlongequal{点燃} Fe_3O_4$

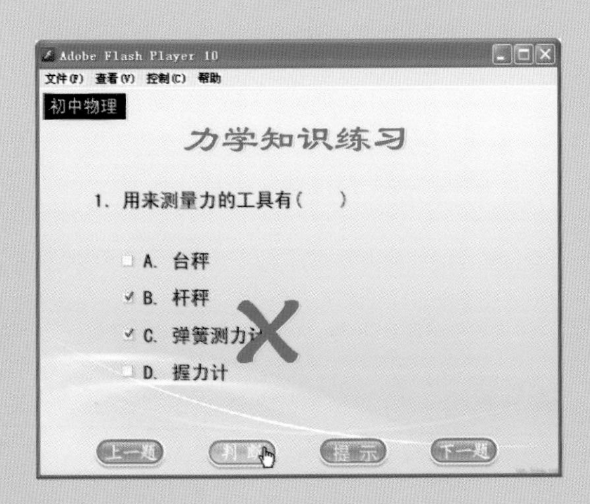

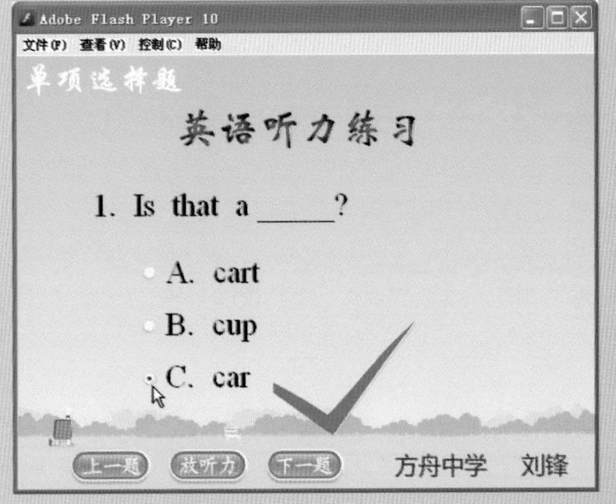

课件实例效果赏析

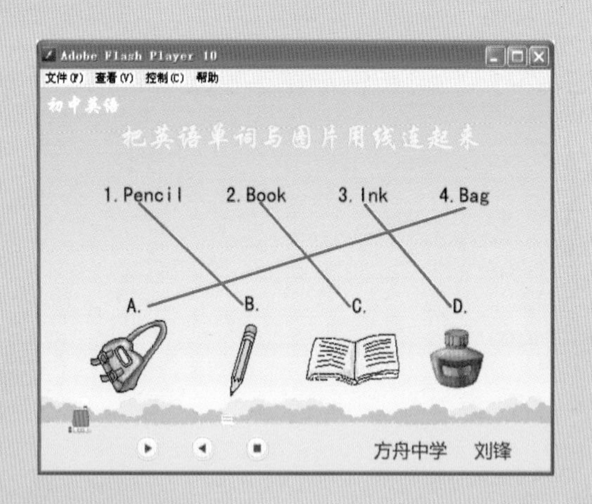
Adobe Flash Player 10
文件(F) 查看(V) 控制(C) 帮助
初中英语
把英语单词与图片用线连起来
1. Pencil
2. Book
3. Ink
4. Bag
A.
B.
C.
D.
方舟中学 刘锋

运动和静止的相对性
以岸上的树为参照物，
客船是运动的。
以船夫为参照物，
客船是静止的。

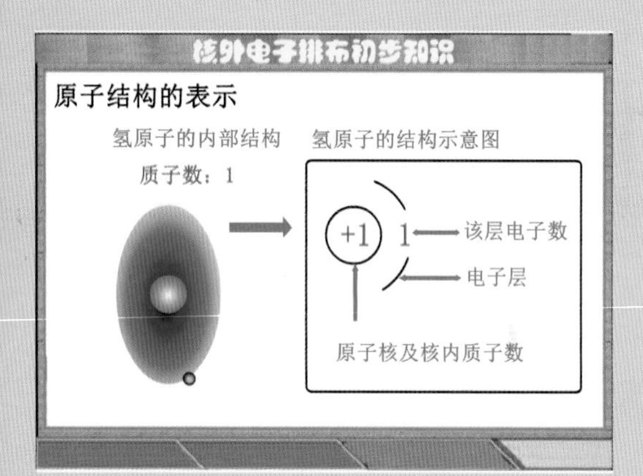
核外电子排布初步知识
原子结构的表示
氢原子的内部结构
质子数：1
氢原子的结构示意图
+1
1
该层电子数
电子层
原子核及核内质子数

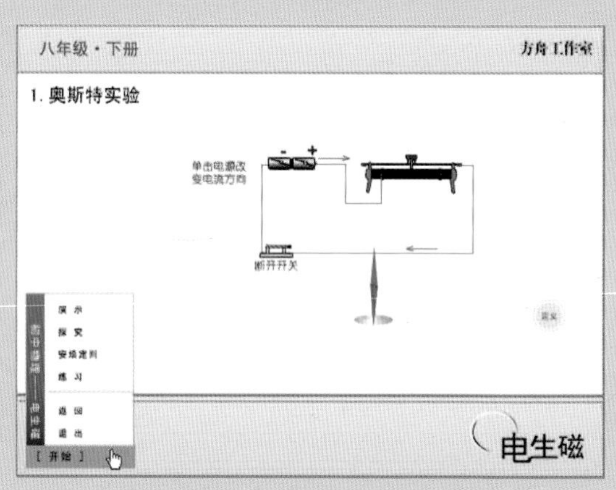
八年级・下册
方舟工作室
1. 奥斯特实验
单击电源改变电流方向
断开开关
[开始]
电生磁

Adobe Flash Player 10
文件(F) 查看(V) 控制(C) 帮助
小学数学
把下面的数按奇偶性质归类
奇数
偶数
0
4
41
9
重做

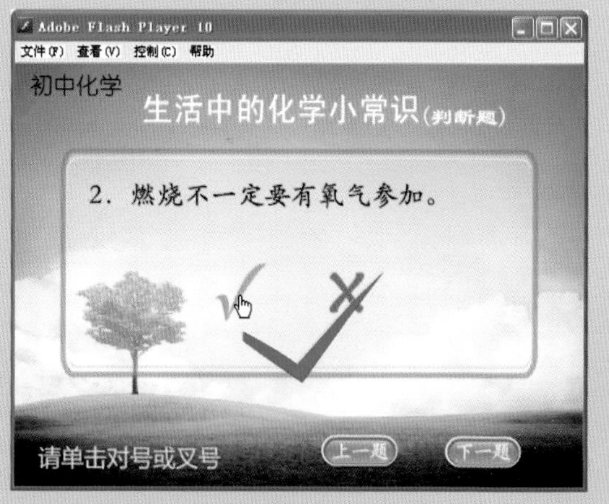
Adobe Flash Player 10
文件(F) 查看(V) 控制(C) 帮助
初中化学
生活中的化学小常识(判断题)
2. 燃烧不一定要有氧气参加。
请单击对号或叉号
上一题
下一题

高等学校计算机应用规划教材

Flash 多媒体课件制作实例教程

方其桂　主编

清华大学出版社

北　京

内 容 简 介

应用多媒体 CAI 课件辅助教学是新世纪教师必须具备的一种技能。本书着重介绍了使用 Flash 制作多媒体 CAI 课件的方法与技巧，书中实例均选自中小学各学科的典型内容。全书图文并茂，用图文来分解复杂的步骤，注重基础知识的介绍与应用技巧相结合，通过丰富、实用的实例讲解，使读者轻松掌握 Flash 的应用技巧。

本书不仅可以作为师范院校的教材，还可以作为广大中小学、大中专教师学习制作 Flash 多媒体 CAI 课件的自学教材，也适用于各种多媒体 CAI 课件制作培训班的教学用书。

图书在版编目(CIP)数据

Flash 多媒体课件制作实例教程/方其桂 主编. —北京：清华大学出版社，2012.5
(高等学校计算机应用规划教材)
ISBN 978-7-302-28359-1

Ⅰ. ①F…　Ⅱ. ①方…　Ⅲ. ①多媒体课件—动画制作软件，Flash—高等学校—教材　Ⅳ. ①G434

中国版本图书馆 CIP 数据核字(2012)第 046881 号

责任编辑：刘金喜　胡雁翎
装帧设计：康　博
责任校对：蔡　娟
责任印制：李红英

出版发行：清华大学出版社
　　网　　址：http://www.tup.com.cn，http://www.wqbook.com
　　地　　址：北京清华大学学研大厦 A 座　　**邮　　编**：100084
　　社 总 机：010-62770175　　**邮　　购**：010-62786544
　　投稿与读者服务：010-62776969，c-service@tup.tsinghua.edu.cn
　　质 量 反 馈：010-62772015，zhiliang@tup.tsinghua.edu.cn
印 装 者：北京国马印刷厂
经　　销：全国新华书店
开　　本：185mm×260mm　**印　张**：11　**插　页**：2　**字　　数**：261 千字
　　(附光盘 1 张)
版　　次：2012 年 5 月第 1 版　　**印　　次**：2012 年 5 月第 1 次印刷
印　　数：1～4000
定　　价：26.00 元

产品编号：042438-01

前 言

随着计算机多媒体技术的迅速普及和现代化教育手段的广泛运用，强化信息技术应用，提高应用信息技术的水平，更新教学观念，改进教学方法，提高教学质量，对教师提出了更高的要求，设计、制作及使用多媒体 CAI 课件已成为新时期学校教师必备的一种技能。

多媒体 CAI 课件集文本、声音、视频和动画于一体，生动形象，在培养学生的学习兴趣和创设教学情境方面，具有其他教学手段所不可比拟的优势。制作多媒体 CAI 课件的软件有很多，其中 Flash 是一款最常用的课件制作软件，它操作简便、易学，而且功能强大，利用它可以制作出界面美观、动静结合、图文并茂、交互方便的多媒体 CAI 课件。同时利用 Flash 制作的动画有着良好的兼容性，可以很方便地被其他课件制作工具(如 Authorware、PowerPoint 等)所调用，因而受到广大教师们的喜爱。

本书以 Flash 为例，详细介绍课件的设计、制作及使用等方面的知识，使读者能够轻松地制作出可应用于实际教学的多媒体 CAI 课件。因此，本书定位于所有想使用 Flash 制作课件的教师；它不仅适合于具有 Flash 早期版本操作基础的教师；还适合高等院校作为教材使用。

目前，市场上有很多关于 Flash 课件制作的图书，我们通过分析比较，发现有不少图书或只讲解基础知识，或偏重讲解高级技巧，很少有针对多媒体 CAI 课件具体制作方面的图书。本书突破传统写法，各章节均以实例入手，逐步深入分析 Flash 多媒体 CAI 课件的制作方法和技巧，同时还介绍了选择、填空、判断、连线、填表、填图以及绘图等练习型课件的制作方法。本书特色如下。

- **内容实用**：本书所有实例均选自现行教材，涉及中小学主要学科，内容编排结构合理。每个实例都通过“跟我学”来实现轻松学习和掌握，其中包括多个“阶段框”，将任务进一步细化成若干个小任务，降低了阅读和理解的难度。每章节还设置了“创新园”和“小结与习题”等模块，使读者对所学知识进一步深化理解。
- **图文并茂**：在介绍具体操作步骤的过程中，语言简洁，基本上每一个步骤都配有对应的插图，用图文来分解复杂的步骤。路径式图示引导，便于在翻阅图书的同时上机操作。
- **提示技巧**：本书对读者在学习过程中可能会遇到的疑问以“小贴士”和“知识库”的形式进行了说明，以免读者在学习的过程中走弯路。
- **书盘结合**：光盘配有本书中所有实例课件和全部 VBA 程序代码，对这些课件和代码稍加修改，就可以制作出更多、更实用的课件。另外，光盘还配有“创新园”中所需素材和练习题答案等内容，与书中知识紧密结合又相互补充，以达到学以致用的目的。

本书配有一张光盘，光盘中提供了书中实例制作所用的素材，并提供了实例的源程序和制作完成后的完整课件，对这些课件稍加修改就可以在实际教学中使用，也可以以这些课件实例为模板，举一反三，制作出更多、更实用的课件。

参与本书编写的作者有省级教研人员，以及多媒体 CAI 课件制作获奖教师，他们不仅长期从事计算机辅助教学方面的研究，还具有较为丰富的计算机图书编写经验。

本书由方其桂主编、统稿，由周木祥编写第 1 章和第 3 章、叶之坤编写第 2 章、刘锋编写第 4 章、孙涛编写第 5 章，参加本书编写的还有汪华、江浩、吴烜、何立松、冯士海、赵家春、张晓丽、鲁先法、童蕾及赵青松等，随书光盘由方其桂整理制作。

感谢提供实例课件的作者：冯士海、谢福霞、刘振伦、曹艳丽、江浩、张明荣、冯林和丁少国等。

虽然我们有着十多年撰写课件制作方面图书(累计已编写、出版数十本)的经验，并尽力认真构思验证和反复审核修改，但难免有一些瑕疵。我们深知一本图书的好坏，需要广大读者去检验评说，在此我们衷心希望您对本书提出宝贵的意见和建议。读者在学习使用过程中，对同样实例的制作，可能会有更好的制作方法，也可能对书中某些实例的制作方法的科学性和实用性提出质疑，敬请读者批评指导。我们的电子邮箱为 ahjks@163.com，我们的网站为 http://www.ahjks.net/，图书服务电子邮箱为 wkservice@vip.163.com。

方其桂

2011 年冬

目　录

第 1 章

Flash 课件制作基础

Flash 是一款非常流行的课件制作软件，本章将详细介绍 Flash 软件的基础知识和一些基本操作，包括图层、帧、元件、库和场景的使用，并进一步讲述如何发布 Flash 课件，使课件能够脱离 Flash 操作环境而独立运行。

本章内容：

- Flash 基础知识
- Flash 基本操作

1.1 Flash 基础知识

利用 Flash 可以制作出界面美观、动静结合、交互方便的多媒体 CAI 课件，而且简便、易学、好用，所以 Flash 逐渐成为了主要的课件制作工具。本章将介绍 Flash CS4 中文版的相关基础知识，使读者对其有初步的了解，掌握一些基本知识，为后面的课件制作打下基础。

1.1.1 Flash 工作界面

在学习 Flash 课件制作之前，首先需要了解一下该软件的使用界面，打开“开始”菜单，依次选择“程序”→“Adobe Flash CS4 Professional”命令，运行 Flash CS4 软件，即可打开如图 1-1 所示的 Flash CS4 使用界面。

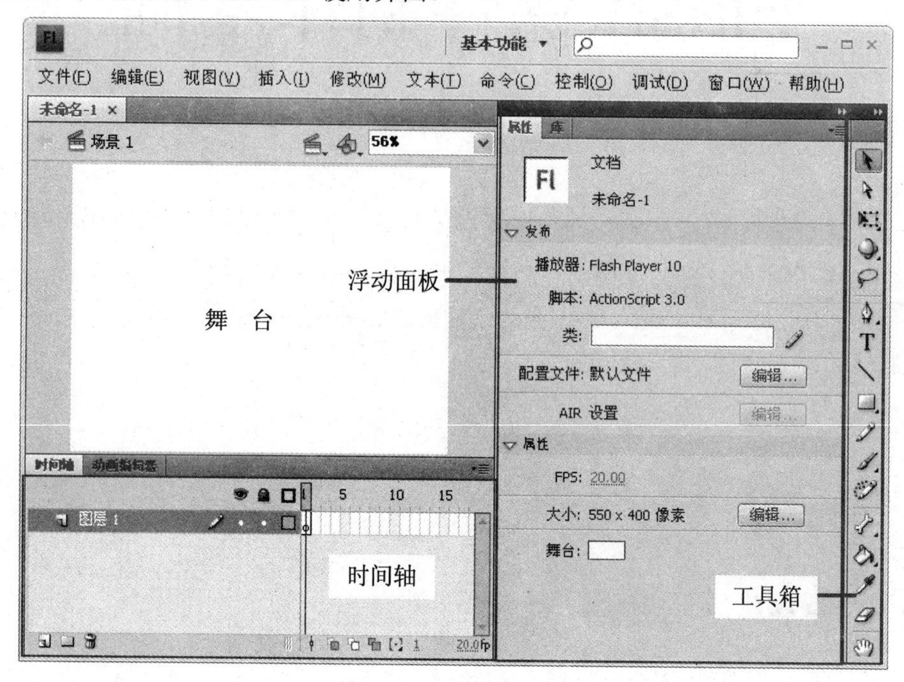

图 1-1 Flash CS4 使用界面

1. 菜单栏

菜单栏是 Flash CS4 的重要组成部分，其绝大部分的功能都可以通过从菜单栏中选择相应的命令来实现。常用菜单有“文件”、“编辑”、“插入”和“控制”等，通过这些菜单可以很容易实现动画的制作。Flash 为一些菜单命令设置了快捷方式，使用这些快捷键能提高工作效率，常用菜单命令的快捷键如表 1-1 所示。

表 1-1　常用菜单命令的快捷键

快　捷　键	功　　能
F5	在“时间轴”插入帧
F6	在“时间轴”插入一个关键帧
F7	在“时间轴”插入一个空白关键帧
Ctrl+D	复制一个副本，相当于对对象同时进行复制和粘贴操作
Ctrl+G	把场景中几个选中的对象合成为一个组
Ctrl+ Shift+ G	撤消几个对象所组成的一个组
Ctrl+B	将选中的对象打散
Ctrl+C	把选中的对象复制到剪贴板中
Ctrl+V	粘贴系统剪贴板中的内容
Ctrl+Shift+V	粘贴复制到剪贴板中的内容，并保持位置不变

2．工具箱

Flash CS4 工具箱默认状态下位于窗口最右端，工具箱中包含选择工具和绘图工具等，用这些工具可以绘图、选取、喷涂、修改以及编排文字等。可以根据需要调整工具箱的大小和位置。工具箱常用工具的名称如图 1-2 所示。

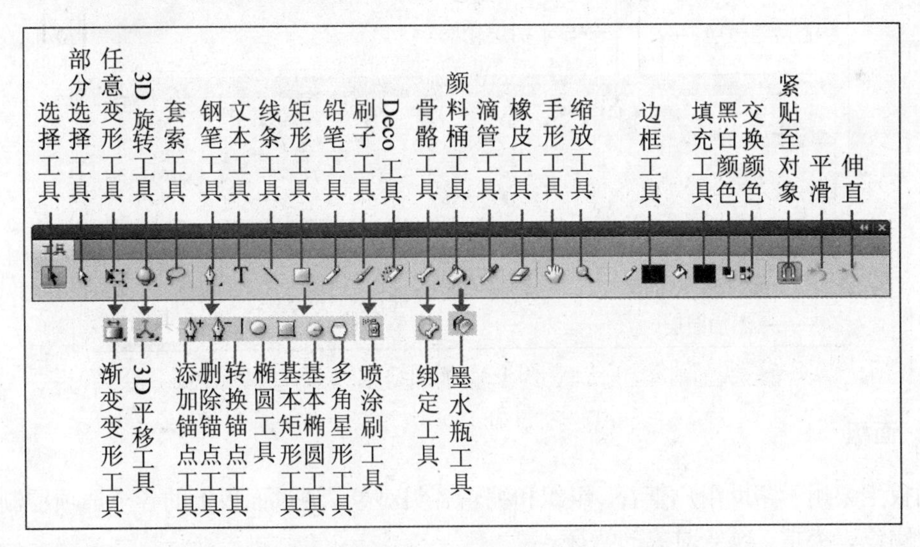

图 1-2　工具箱

带有三角号的工具，表示还隐藏有其他工具，可以按住该工具不放进行显示，要选择这些隐藏工具，再用鼠标单击即可。

3. 编辑区

编辑区是用于制作课件的区域，包括工作区和舞台，如图 1-3 所示。舞台是制作动画内容的区域，可以在其中绘制图形，也可以放置一些制作动画需要的素材。

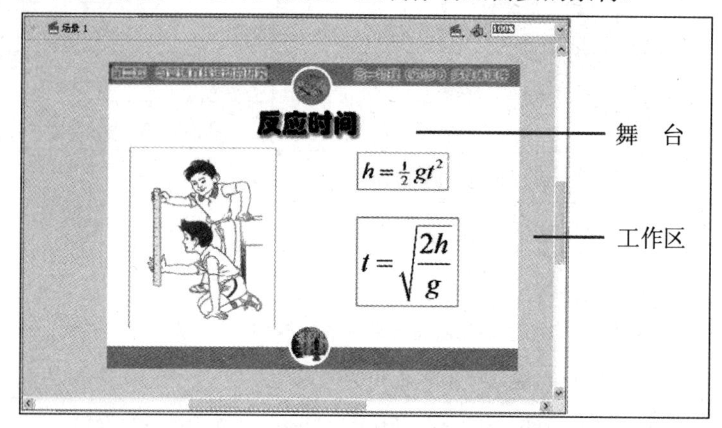

图 1-3　编辑区

4. 时间轴

“时间轴”是 Flash 中进行动画制作的重要面板，用它可以编辑图层和编辑帧，也可以制作动画和调整动画的播放，如图 1-4 所示。

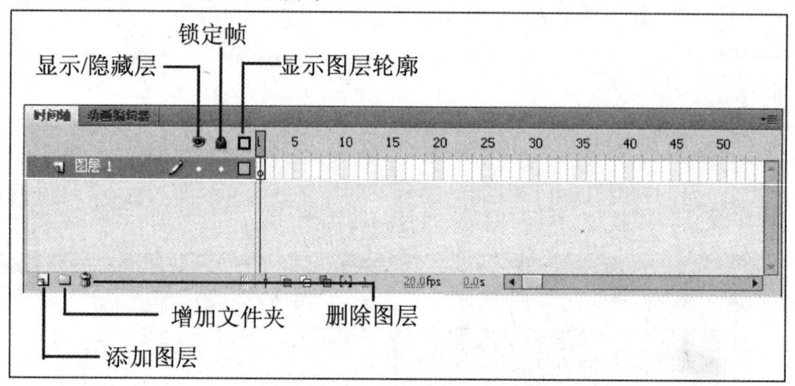

图 1-4　时间轴

5. 面板

面板主要用于帮助用户查看、组织和编辑各类对象，通过面板上的各个选项控制元件、实例、颜色、类型、帧等对象的特征。

如果所需的面板没有显示，可通过“窗口”菜单中的命令来打开，也可将某个控制面板关闭，如图 1-5 所示为“属性”面板和“库”面板。

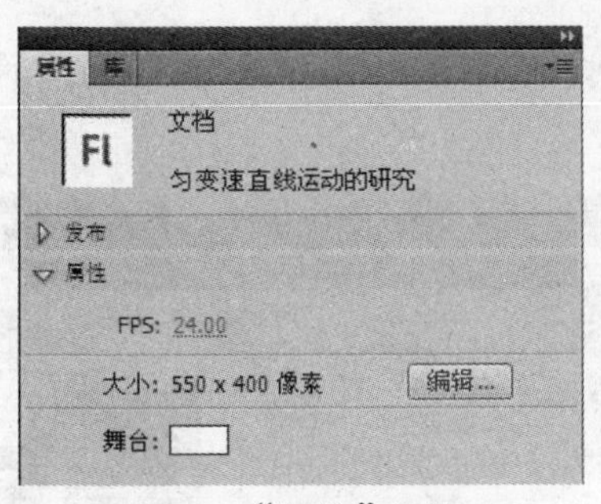

“属性”面板

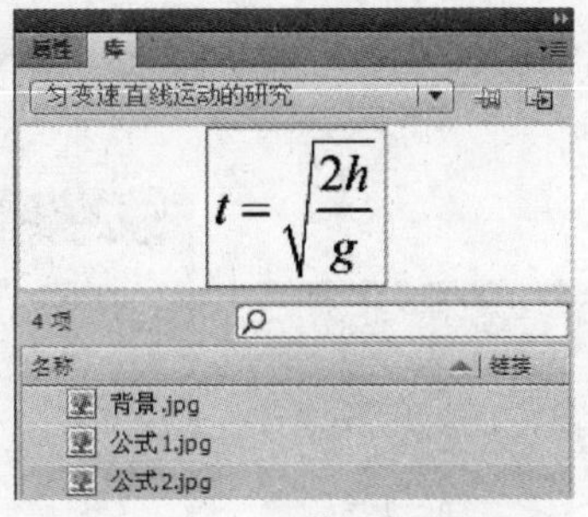

“库”面板

图 1-5　“属性”面板和“库”面板

1.1.2　Flash 文件操作

利用 Flash 制作课件，跟其他软件一样，也涉及一些文件操作，包括新建文件和保存文件等。其中 Flash 软件特别之处是在制作课件的过程中，还需要设置文件属性，如动画播放速度、动画背景颜色、画面大小等，以及如何将制作好的动画输出为可脱离 Flash 环境而单独运行的文件。

1．文件的新建和属性设置

制作 Flash 课件，首先要新建一个 Flash 文档，然后设置课件的相关属性，包括场景大小和背景颜色等。

跟我学

- **打开软件**　单击“开始”按钮，选择“程序”→“Adobe Flash CS4 Professional”命令，运行 Flash CS4 软件。
- **新建文档**　按图 1-6 所示进行操作，新建一个 Flash 文档。

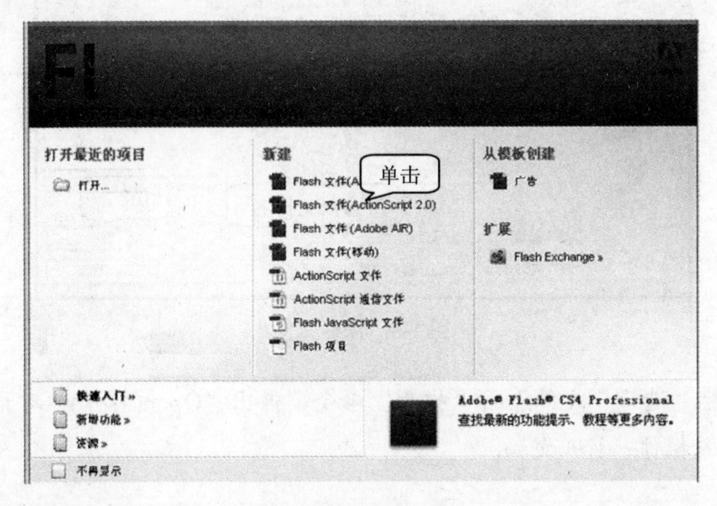

图 1-6　新建一个文档

● **设置属性** 打开“属性”面板，按图 1-7 所示进行操作，设置动画的画面尺寸和背景颜色。

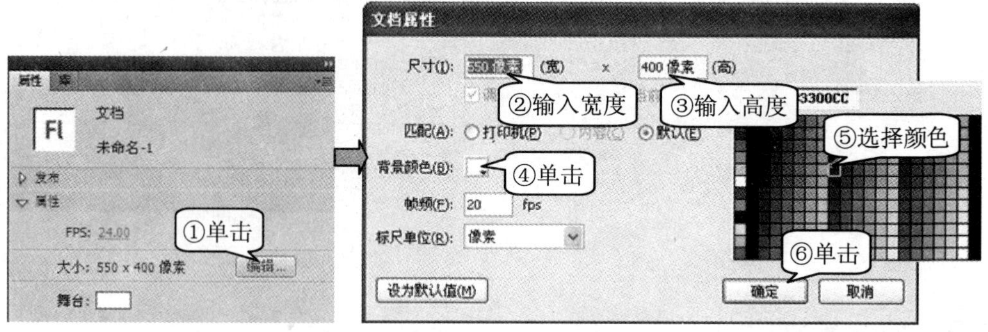

图 1-7 设置文档属性

2. 文件的保存和打开

Flash 课件在制作的过程中，要养成随时保存文件的习惯。保存文件后还需要打开进行修改的调试。

● **保存文档** 选择“文件”→“保存”命令，打开“另存为”对话框，按图 1-8 所示进行操作，保存文件。

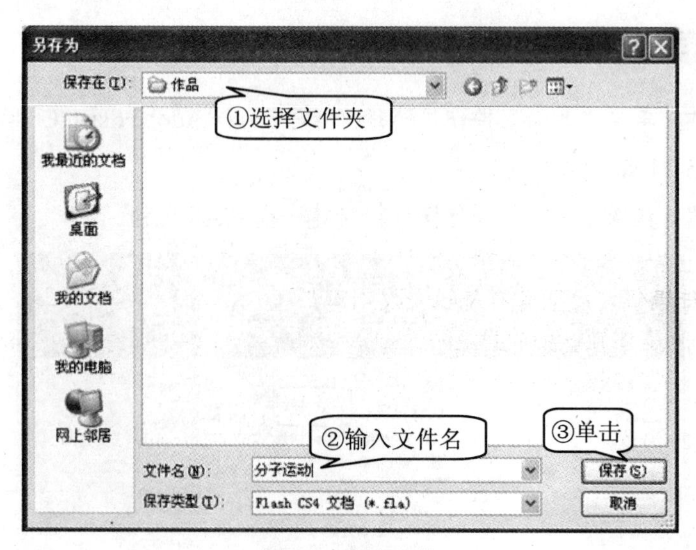

图 1-8 保存文件

● **打开文档** 选择“文件”→“打开”命令，弹出“Open(打开)”对话框，按图 1-9 所示进行操作，打开文档。

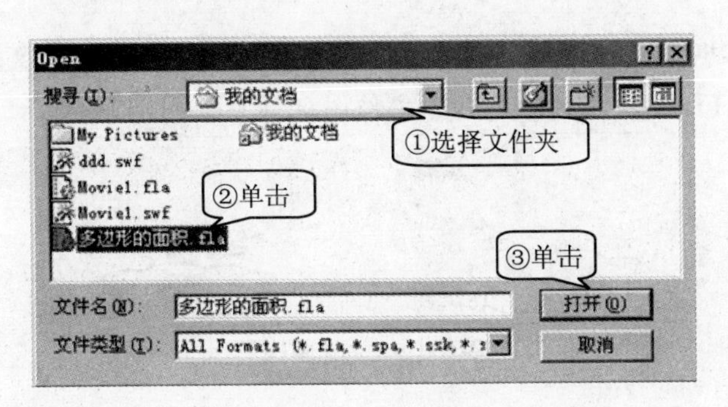

图 1-9　打开文档

1.1.3　课件输出

在 Flash 中将课件制作完后，要将其生成为可以脱离 Flash 环境运行的动画文件，才能用于教学。Flash 可以将作品输出为多种格式的文件，如 SWF、EXE、MOV、AVI、GIF 和 JPG 等，可以根据需要，选择一种格式来输出作品。

- **测试文件**　选择“控制”→“测试影片”命令来测试课件，效果如图 1-10 所示。

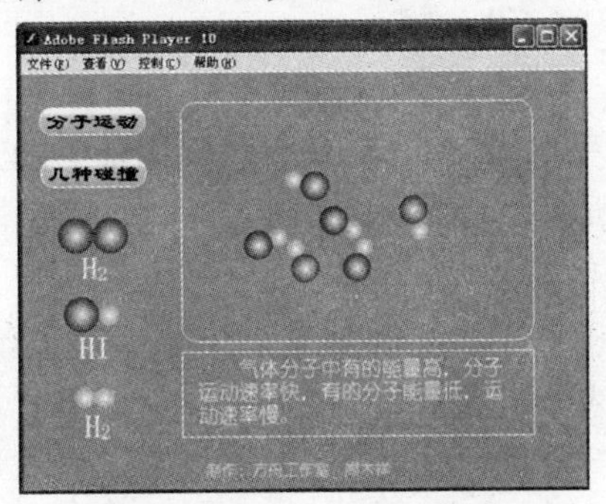

图 1-10　课件运行效果

- **发布影片**　选择“文件”→“发布设置”命令，弹出“发布设置”对话框，按图 1-11 所示进行操作，设置发布属性并发布文件。

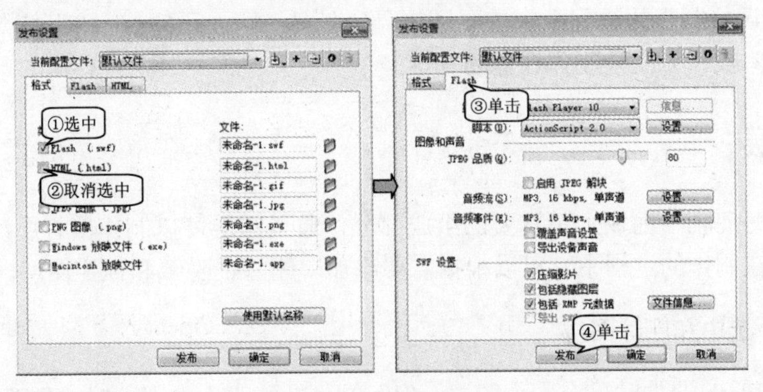

图 1-11　设置文档属性

- **查看文件** Flash 源文件经过测试后，会自动生成一个扩展名为 SWF 的文件，该文件可以脱离 Flash 软件独立运行，文件图标效果如图 1-12 所示。

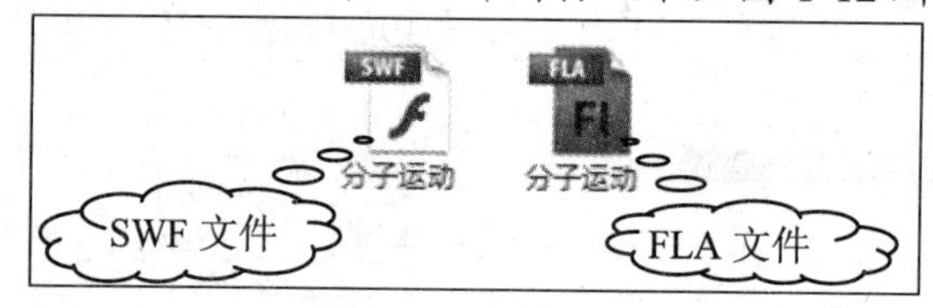

图 1-12　文件图标

1. 动画画面大小

动画画面大小是以像素为单位来确定宽与高的，默认状态下为 550px(像素)×400px(像素)，单击该参数右边的按钮，打开“文档属性”对话框，根据需要输入适当的数据，来定义画面尺寸。

2. 动画画面背景

默认动画画面的背景颜色为白色，单击“属性”面板中的“背景”选项后的按钮，打开“颜色”对话框，选择所需要的颜色，作为课件的背景色。

3. 动画播放速度

动画的播放速度默认为 12fps(12 帧/秒)，可根据需要重新设置。帧速的数值越大，动画的播放效果越好、越流畅。在多数情况下，可以将其设置为 8fps、12fps 或更大。

1.2　Flash 基本操作

在 Flash 课件制作的过程中，需要经常用到图层、帧、元件、库和场景等概念，掌握这些概念和基本操作方法是制作课件的基础。

1.2.1　图层

图层是“时间轴”面板上最重要的组成部分，通过图层可以制作出有层次关系和结构复杂的课件。在制作的过程中，可以根据需要添加、删除、隐藏和锁定图层。

1. 添加、选中和删除图层

新建一个 Flash 课件时只有一个图层，但在制作功能强大的课件时，需要有多个图层，这就要涉及图层的添加、选中和删除操作。

跟我学

- 添加图层　启动 Flash 软件，按图 1-13 所示进行操作，新建一个图层。

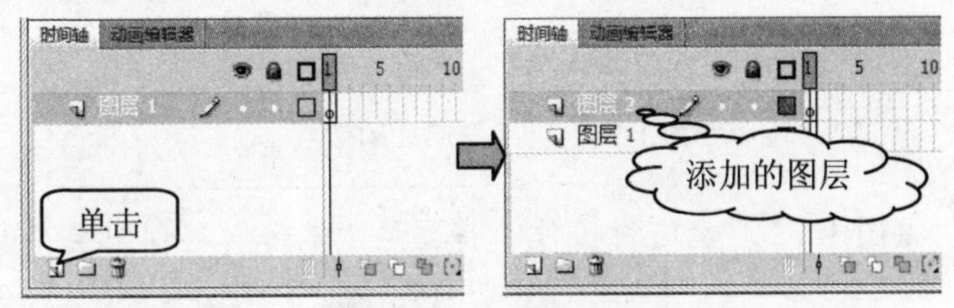

图 1-13　新建图层

- **选中并删除图层**　按图 1-14 所示进行操作，选中并删除“图层 1”。

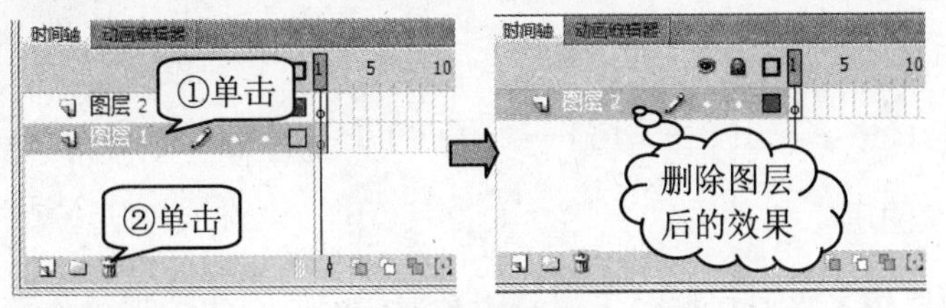

图 1-14　删除图层

在删除图层时，该图层在舞台上的对象也会被同时删除，所以删除图层时一定要慎重。

2. 重命名和移动图层

在制作课件时，将图层都命名为有意义的名称是非常重要的，这样能方便以后对课件进行修改，也使得自己的课件源文件具有可读性。同时，为了表现舞台对象的层次关系，还需要移动图层来适当调整图层的位置。

- **重新命名**　启动 Flash 软件，按图 1-15 所示进行操作，新建一个图层。

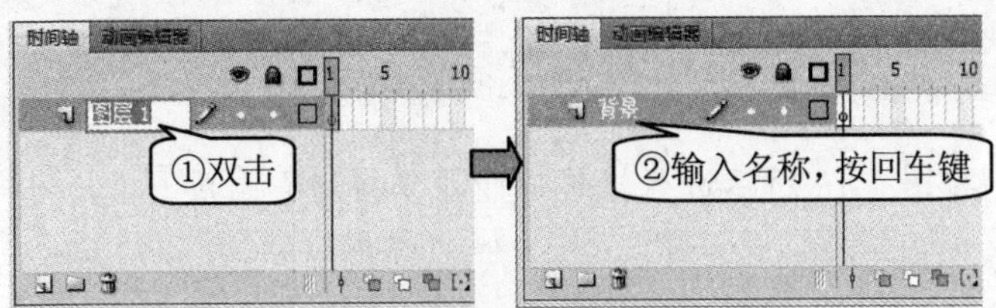

图 1-15　重新命名图层

- **新建图层**　在“背景”图层上方再添加两个新图层，分别命名为“电铃”和“电路”，效果如图 1-16 所示。

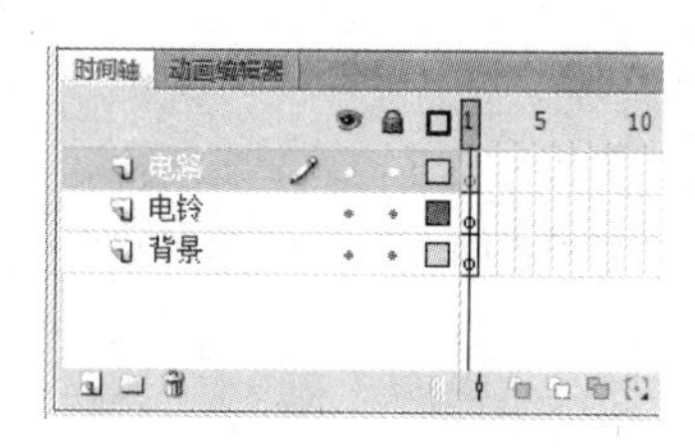

图 1-16　新建图层后的效果

● **移动图层**　按图 1-17 所示进行操作，将图层“电铃”移到图层“电路”的下方。

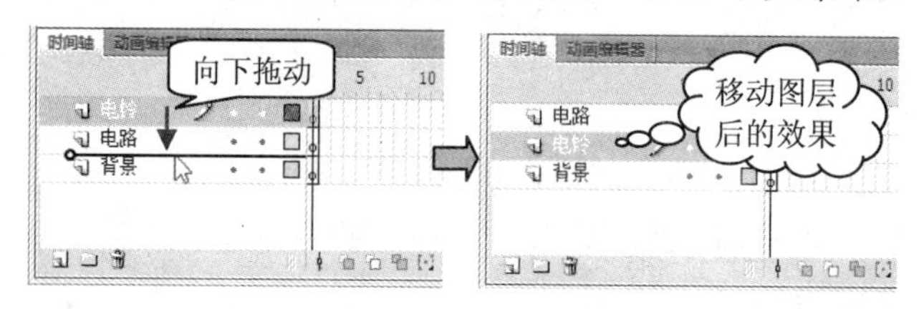

图 1-17　移动图层

3．锁定和隐藏图层

当课件中的图层较多需要在舞台上选择对象时，经常会由于误操作而影响其他图层的内容，这时需要对某个图层进行锁定或者隐藏。

● **锁定图层**　启动 Flash 软件，按图 1-18 所示进行操作，锁定“标题”图层。

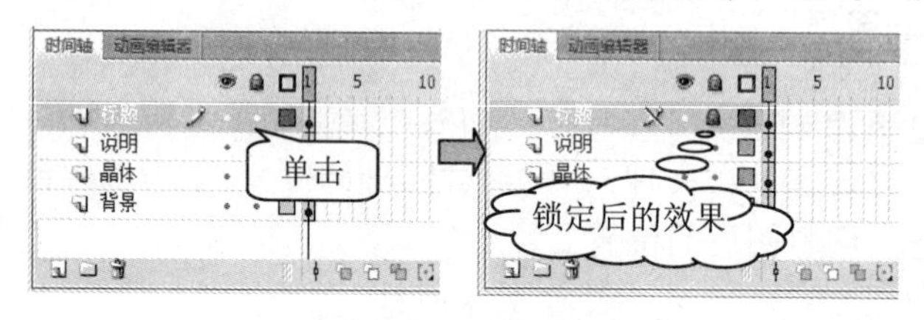

图 1-18　锁定图层

图层被锁定后，舞台上位于该图层中的对象将被锁定，其无法被选中，也无法进行移动和编辑。

● **隐藏图层**　按图 1-19 所示进行操作，隐藏“标题”图层。

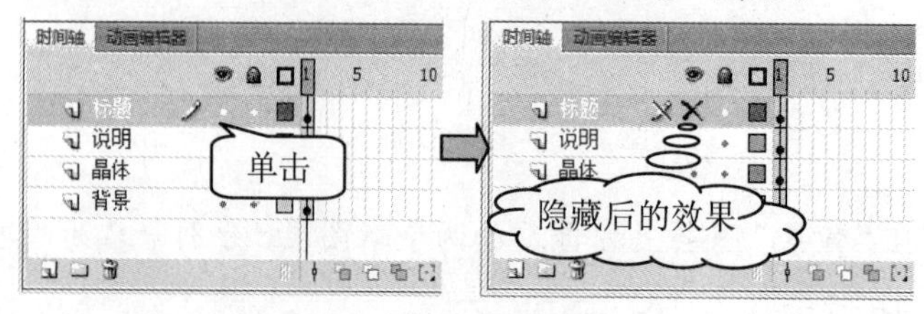

图 1-19　隐藏图层

图层被隐藏后，舞台上位于该图层中的对象将被隐藏起来，要显示该图层中的内容，只需单击✕按钮即可。

图层就像透明的薄膜一样，在舞台上一层层地向上叠加。图层可以帮助组织文档中的插图。可以在某个图层上绘制和编辑对象，而不会影响其他图层上的对象，图层的效果如图 1-20 所示。

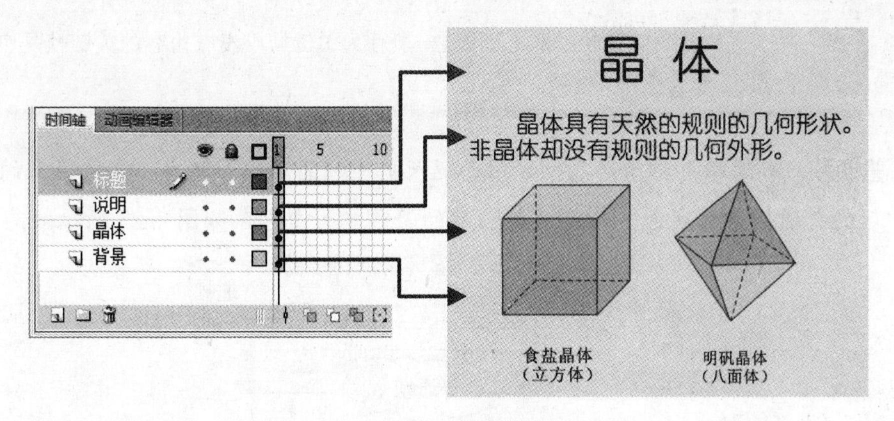

图 1-20　图层效果

1.2.2　帧

Flash 课件从前往后播放的过程，其实就是一幅幅画面的展示过程。这每一幅画面就是我们所讲的“帧”。在制作的过程中，可以根据需要进行添加、删除以及移动帧等操作。

1．帧的类型

帧是 Flash 动画制作的基本单位，其分为空帧、关键帧、普通帧和过渡帧 4 种类型。

- **空帧**　空帧如图 1-21 所示，空帧在时间轴上就是一个个方格，表示图层中动画的结束。

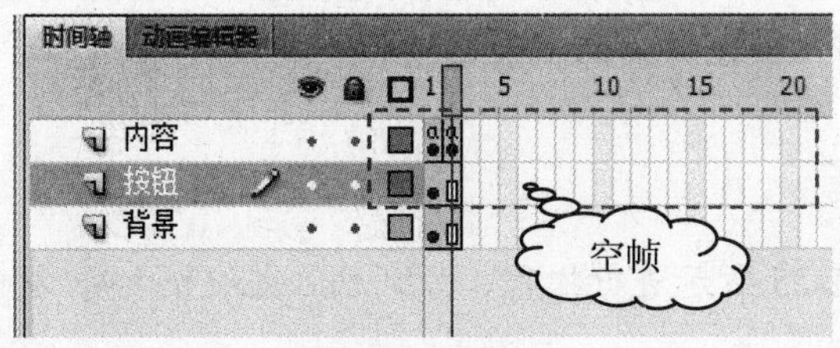

图 1-21　空帧

● **关键帧** 关键帧是制作课件时非常重要的帧，只有定义的关键帧，才能实现动画的自动完成，如图 1-22 所示动画的起点和终点都是关键帧。

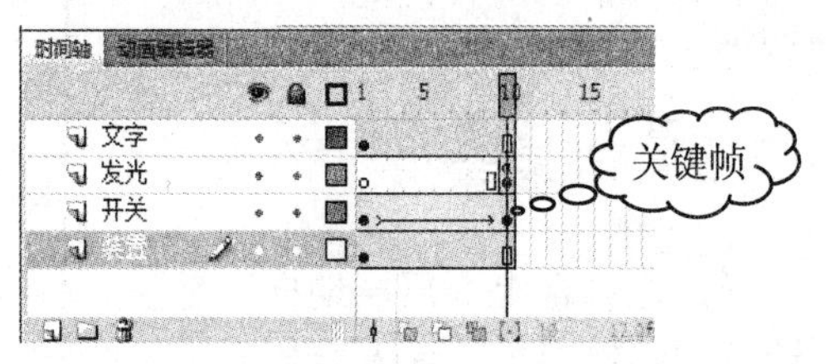

图 1-22 关键帧

有内容的关键帧是实心圆●，一般称为关键帧；没有内容的关键帧是空心圆○，称为空白关键帧。

● **普通帧** 普通帧也称为静态帧，用于延长前一帧的动作和状态。在已填充的关键帧后的普通帧为银灰色，在空关键帧后的普通帧为白色，如图 1-23 所示。

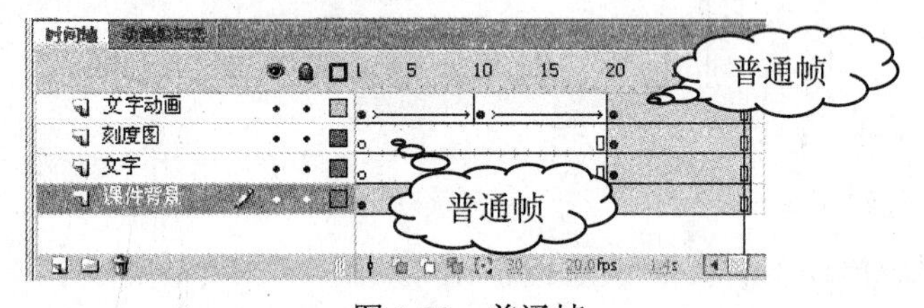

图 1-23 普通帧

● **过渡帧** 在两个关键帧之间，电脑自动完成过渡画面的帧叫做过渡帧。利用 Flash 可处理两种类型的过渡，即运动过渡和形状过渡，效果如图 1-24 所示。

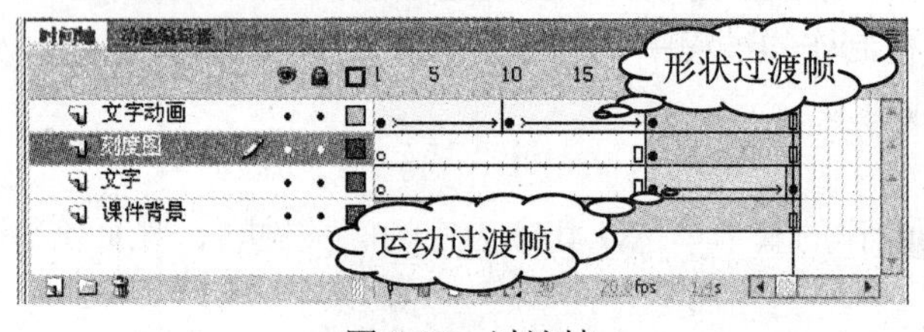

图 1-24 过渡帧

2. 帧的基本操作

在新建的 Flash 文档中，当只有一个空白关键帧文档时，只会有一个空白关键帧。在制作课件的过程中，可以根据需要插入普通帧和关键帧。

跟我学

● **插入帧** 按图 1-25 所示进行操作，分别插入关键帧和普通帧。

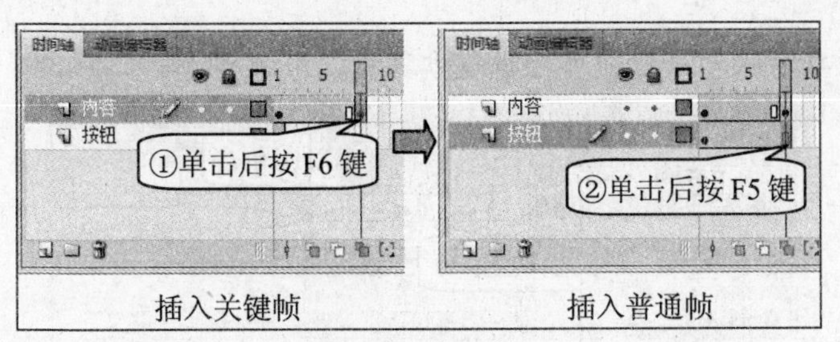

图 1-25　插入帧

- **选择帧**　在对帧的操作过程中，经常需要选中一个或多个帧，进一步完成对帧的删除、复制和移动等操作。按图 1-26 所示进行操作，可选择时间轴上的 1 个帧和多个帧。

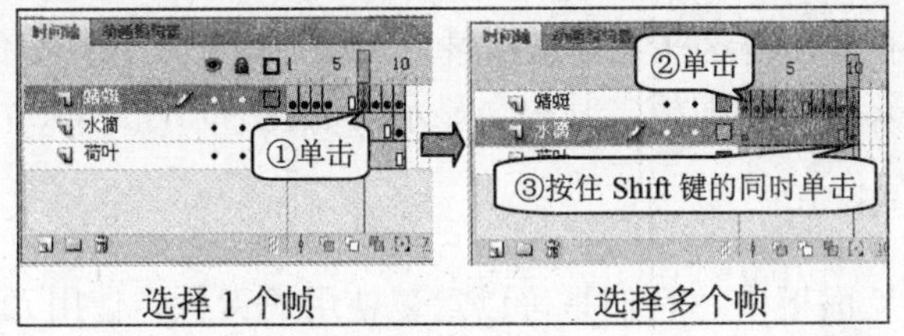

图 1-26　选中帧

- **删除帧**　当遇到不需要的帧时，可选中该帧后将其删除。如果删除的是普通帧，其相应图层在时间轴上的显示时间被截短；如果删除的是关键帧，则关键帧舞台上的对象也会一起被删除，操作方法如图 1-27 所示。

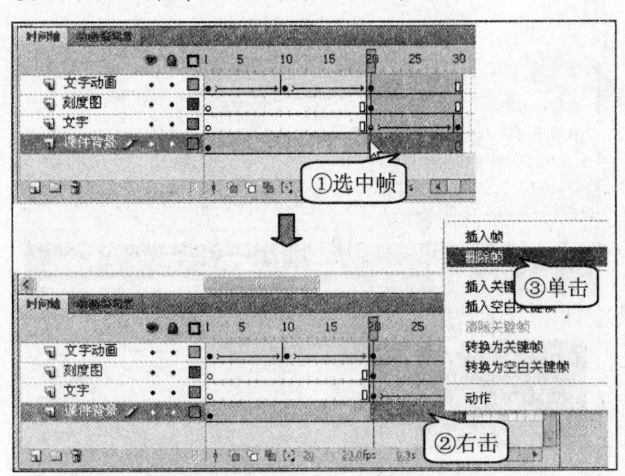

图 1-27　删除帧

“删除帧”是删除时间轴上多余的帧，在删除帧的同时，与该帧对应舞台上的内容也会被清除；“清除帧”则只是清除舞台内容。

- **移动帧**　要移动普通帧或者关键帧的位置，可先选中该帧，按住鼠标左键将其拖到目标位置之后松开鼠标即可，操作方法如图 1-28 所示。

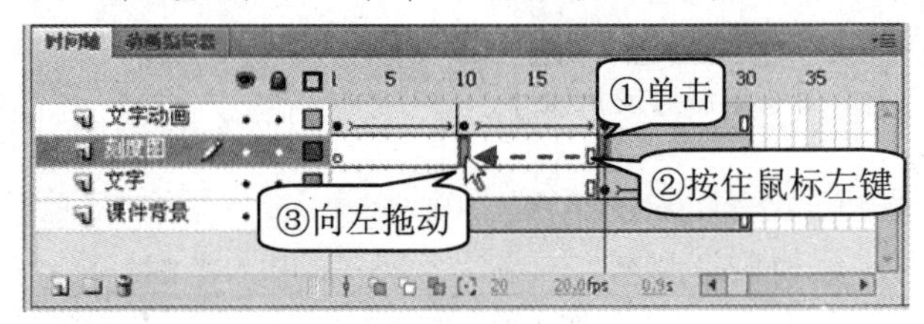

图 1-28　移动帧

1.2.3　元件和实例

Flash 有个“库”面板，专门用于存储课件制作过程中所要用到的素材，这些素材大部分是以“元件”形式存放，将这些元件拖到舞台上之后就称之为“实例”。选择“窗口”→“库”命令，即可显示“库”面板，其中会显示出已有的元件。

1．元件

元件存储在“库”面板中，它们是可以重复使用的素材。使用元件可以简化动画的编辑过程，方便动画的修改。

- **新建元件**　选择“插入”→“新建元件”命令，按图 1-29 所示进行操作，新建一个图形元件。

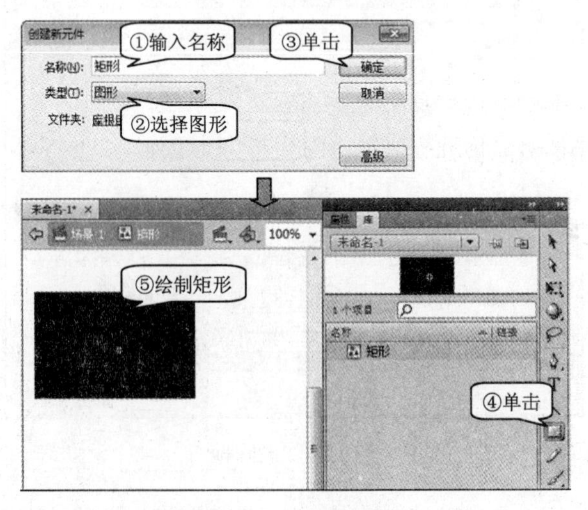

图 1-29　新建元件

- **转换元件**　在舞台绘制一个球体，按图 1-30 所示进行操作，将球体转换为元件。

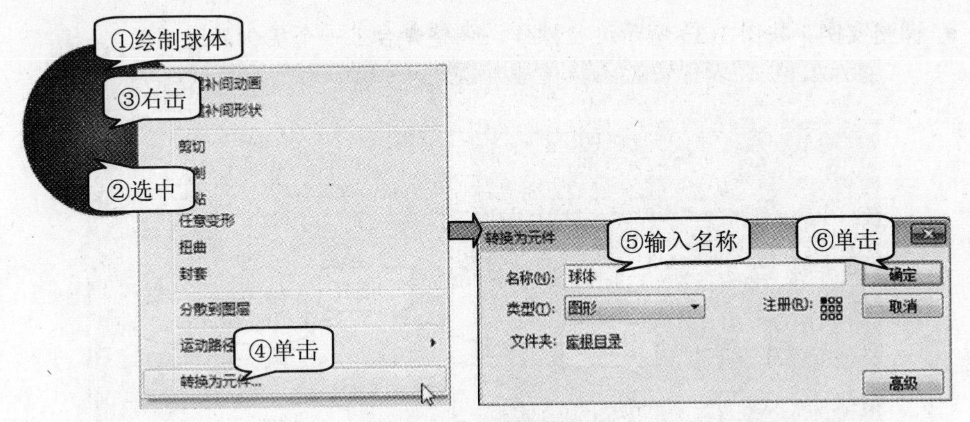

图 1-30　转换元件

● **编辑元件**　按图 1-31 所示进行操作，编辑“库”面板中已经制作好的元件。

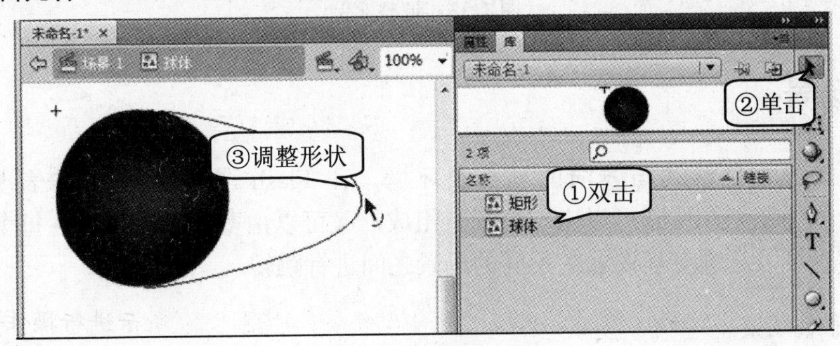

图 1-31　编辑元件

2．实例

创建好的元件可以从“库”面板中查看到，使用时要打开“库”面板，并将其拖入场景，拖入场景中的元件对象被称为实例。

● **创建实例**　打开“库”面板，按图 1-32 所示进行操作，在舞台上创建一个实例。

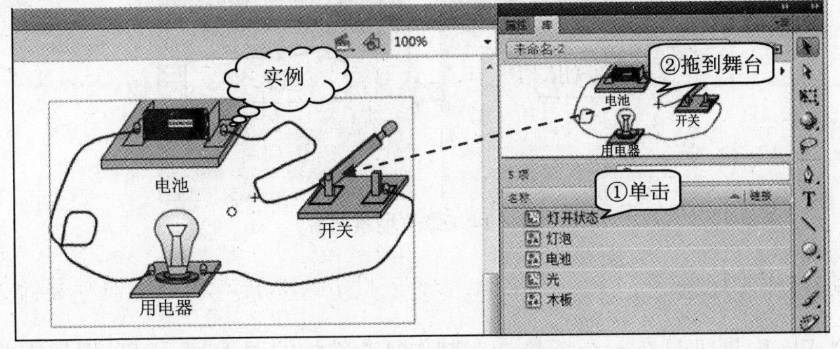

图 1-32　创建实例

- **调整实例**　按图 1-33 所示进行操作，调整舞台上一个实例的透明度。

图 1-33　调整实例

1.2.4　场景

场景是动画角色活动与表演的场合及环境，在 Flash 课件中可以用来表现上课过程中不同的阶段。一个课件既可以由一个场景组成，又可以由多个场景组成，每个场景可以是独立的，也可以通过交互设置在不同的场景之间进行跳转。

1. 重命名场景

场景的默认名称为“场景 1”，每增加一个场景，新增场景将被自动命名为“场景 2”、“场景 3”等，从这一场景的名称中不能看出场景的特征，因此在必要时需对场景进行重命名。

跟我学

- **打开面板**　选择“窗口”→“其他面板”→“场景”命令，打开“场景”面板。
- **修改名称**　按图 1-34 所示进行操作，修改场景名称为“封面”。

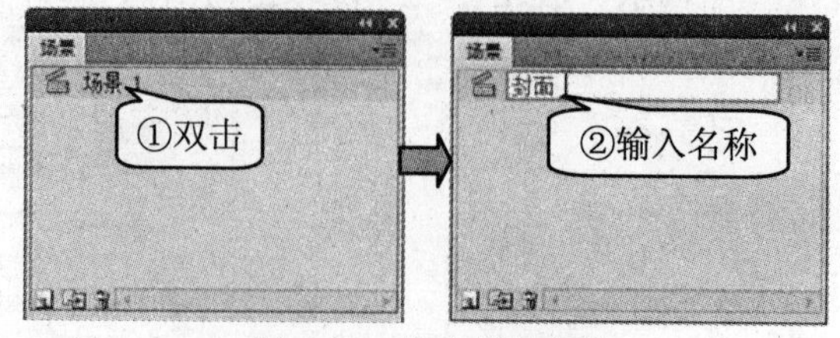

图 1-34　修改场景名称

2. 增加与删除场景

新建的 Flash 课件只有一个场景，在制作复杂结构的课件时，可以根据需要添加和删除场景，这样能使课件结构更清晰。

跟我学

- **添加场景** 按图 1-35 所示进行操作，添加一个新场景并重新命名为“内容”。

图 1-35 添加场景

- **删除场景** 按图 1-36 所示进行操作，删除一个多余的场景。

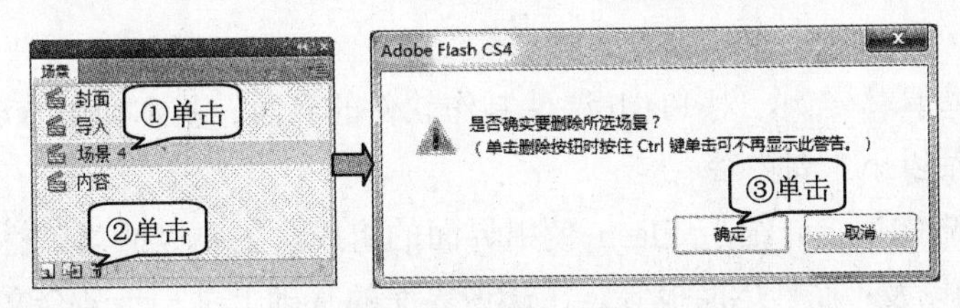

图 1-36 删除场景

3. 复制与移动场景

有时两个场景的内容非常类似，可以利用复制场景的方法新建一个场景，而场景的排列顺序决定了 Flash 动画的播放顺序，如果要调整动画中场景的播放顺序，就必须调整场景的排列顺序。

跟我学

- **复制场景** 按图 1-37 所示进行操作，复制一个新场景并重新命名为“导入”。

图 1-37 复制场景

如果要制作的两个场景内容非常类似，可以采用复制场景的方式制作，因为在复制场景的时候，场景中的内容会同时被复制。

- **移动场景** 按图 1-38 所示进行操作，移动场景位置。

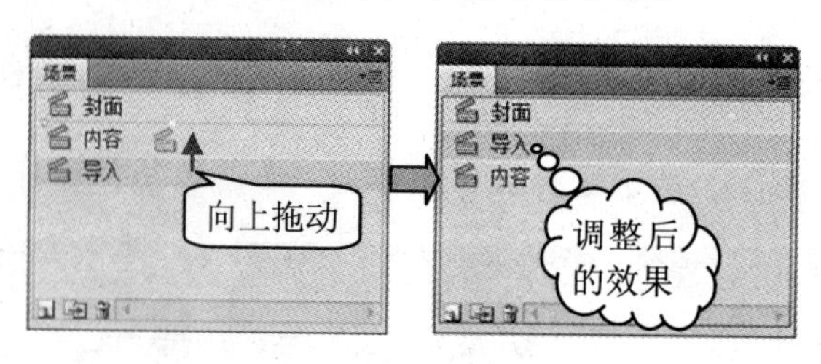

图 1-38 移动场景

1.3 小结和习题

1.3.1 小结

本章通过一些具体实例，对 Flash 课件制作软件的界面、基本使用方法和技巧做了简要介绍，具体包括以下主要内容。

- **Flash 基础知识**：介绍了 Flash 使用界面的组成，主要包括菜单栏、工具栏、工具箱时间轴以及“属性”面板等。在认识界面的基础上进一步学会文件操作，包括文件的保存与发布等。
- **Flash 基本操作**：介绍了 Flash 中的一些基本操作，主要包括课件、图层、帧、场景及元件等基本操作方法。

1.3.2 习题

一、选择题

1．下列不属于 Flash 使用界面的组成部分的是(　　)。
   A．工具箱　　B．面板　　C．场景　　D．对话框
2．要选择时间轴上若干个连接的帧，要先按住的键是(　　)。
   A．Ctrl　　B．Shift　　C．Alt　　D．Enter
3．在时间轴上插入关键帧，下列操作错误的是(　　)。
   A．选择某帧，按 F6 键
   B．在某帧中单击右键，选择“插入关键帧”命令
   C．选择某帧，再选择“插入”→“时间轴”→“关键帧”命令
   D．选择某帧，按 F7 键
4．Flash 图层被锁定后，操作中出现的现象是(　　)。
   A．图层中的内容被隐藏　　B．图层中的内容没有被隐藏，但不能修改
   C．图层中的内容可以修改　　D．该图层的时间轴上不能添加关键帧

5．打开“场景”面板，单击按钮，所完成的操作是(　　)。

A．复制场景　B．粘贴场景　C．添加场景　D．删除场景

二、判断题

1．在设置课件属性时，帧速越大，动画的播放效果越好、越流畅，但课件文件越大。(　　)

2．进行场景复制操作时，复制后的场景中没有任何内容。(　　)

3．Flash 中的面板可以根据需要显示或隐藏。(　　)

4．一般来说，制作的 Flash 课件要输出为 EXE 格式文件，以便于交流。(　　)

第2章

添加课件教学内容

在第1章的学习过程中，我们已经了解了 Flash CS4 的一些基础知识和基本操作。其中基础知识主要包括 Flash CS4 工作环境和使用界面；基本操作主要包括对图层、帧、元件和场景的基本操作。在此基础上，本章具体介绍如何在课件中添加教学内容，主要包括文字、图像、音频及视频等，并进行编辑和美化。

本章内容：

- 添加文字
- 添加图像
- 添加图形
- 添加音频
- 添加视频

2.1　添加文字

利用Flash软件制作课件，少不了文字，包括以概念的表述和对图片的说明等都要用到文字。通过文字可以有效地表达教学思想，展示教学过程，从而达到提高教学效果和教学质量的目的。本节主要介绍在Flash中添加静态文字，以及对文字格式的设置和美化。

2.1.1　添加静态文字

在Flash中，利用文字工具，可以很方便地添加文字，添加文字的时候可以采用键盘输入的方式，也可以通过复制粘贴的方式，然后利用“属性”面板设置文本类型与字体、大小、文本填充颜色等相关属性。

实例1　鸟的生殖与发育

“鸟的生殖与发育”是人教版初中八年级《生物》(下册)教材中的内容，通过本实例介绍添加一般静态文字的方法，课件运行效果如图2-1所示。

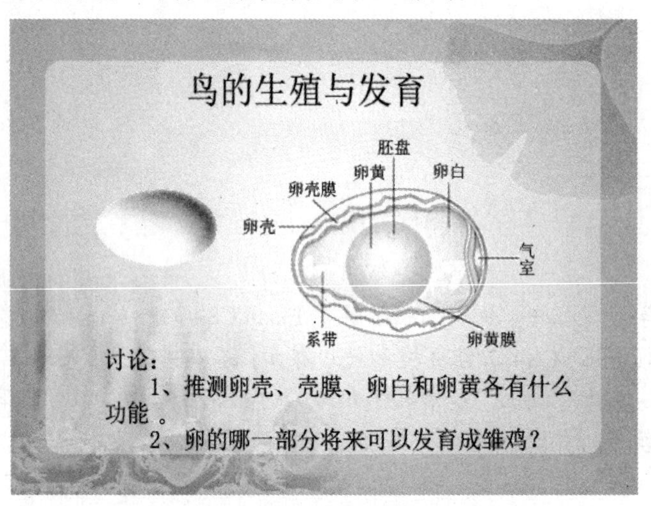

图2-1　课件效果

制作此类课件，可以选择文本工具，然后选择适当的位置输入文字，最后再选中需要修饰的文字进行格式设置。

(1) **打开文件**　运行Flash软件，打开“素材”文件夹中的课件半成品“鸟的生殖与发育”，效果如图2-2所示。

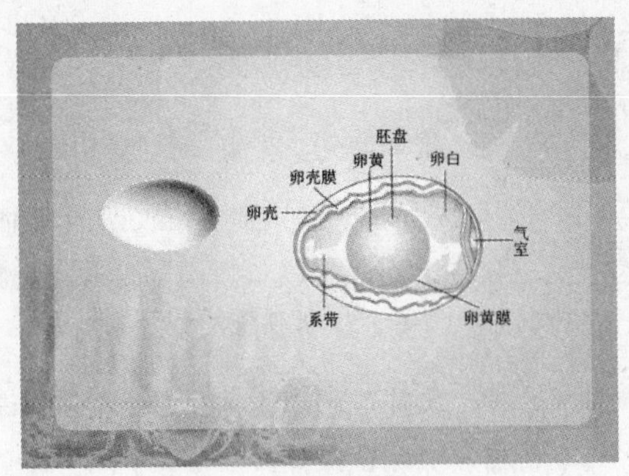

图 2-2　半成品效果

(2) **输入标题**　按图 2-3 所示进行操作，输入标题文字。

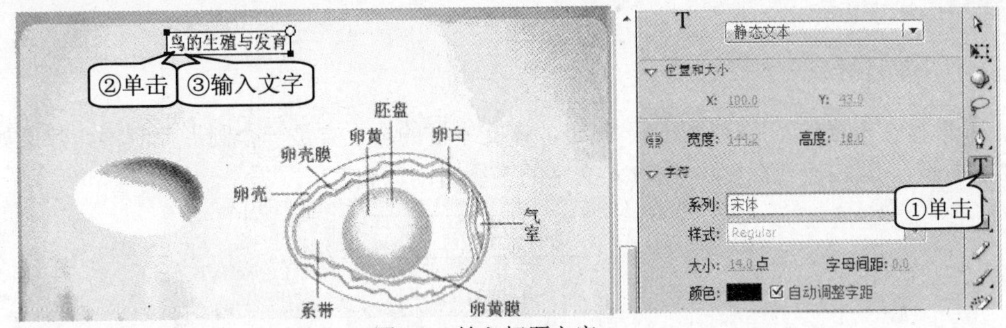

图 2-3　输入标题文字

(3) **设置大小**　按图 2-4 所示操作，设置标题文字大小。

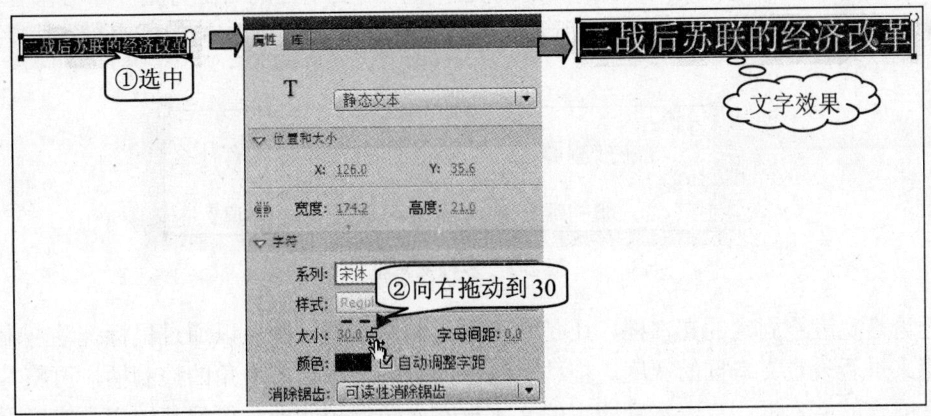

图 2-4　设置标题文字大小

如果在输入文字之前选择了输入范围，当文字超过范围时会自动换行。

(4) **添加课件内容**　参照课件效果，选择“文本”工具，在课件图片下方输入课件内容，效果如图 2-5 所示。

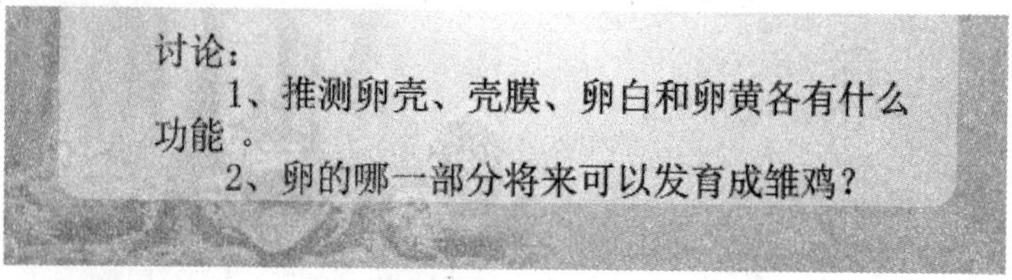

讨论：
1、推测卵壳、壳膜、卵白和卵黄各有什么功能 。
2、卵的哪一部分将来可以发育成雏鸡？

图 2-5　课件内容效果

(5) **保存并测试课件**　选择“文件”→“保存”命令，保存课件，再选择“控制”→“测试影片”命令，播放并测试课件。

1．单行静态文本框

单行文本框的宽度(或高度)不固定，该文本框的右上方是一个圆形控制柄，效果如图 2-6 所示，其宽度(或高度)根据输入文字的多少自动调整。

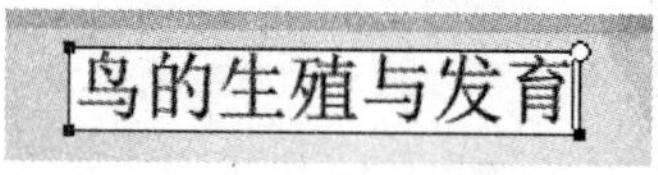

鸟的生殖与发育

图 2-6　单行文本框

2．多行静态文本框

多行静态文本框是宽度(或高度)固定的文本框，该文本框的右上方是一个方形控制柄，其宽度(或高度)固定，效果如图 2-7 所示。当输入的文字超过限定宽度(或高度)时，将自动换行。

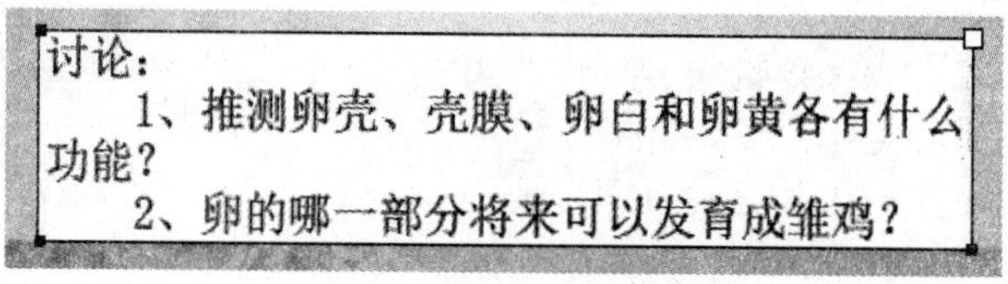

讨论：
1、推测卵壳、壳膜、卵白和卵黄各有什么功能？
2、卵的哪一部分将来可以发育成雏鸡？

图 2-7　多行文本框

无论是宽度不固定的文本框，还是宽度固定的文本框，都可以通过鼠标拖动右上角的控制柄来重新设定文本框的宽度。拖动宽度不固定的文本框右上角的控制柄，可将其转变为宽度固定的文本框；双击宽度固定的文本框右上角的控制柄，可将其转变为宽度不固定的文本框。

2.1.2　设置文字格式

文字添加到 Flash 中后，还需要设置一些文字格式和段落格式，其中文字格式包括字体、大小、颜色和字间距等，段落格式包括对齐方式和段间距等。

实例 2　关于《左传》

“关于《左传》”是人教版高中《历史》(必修 1)的内容，通过本实例介绍添加文字格式的设置方法，课件运行效果如图 2-8 所示。

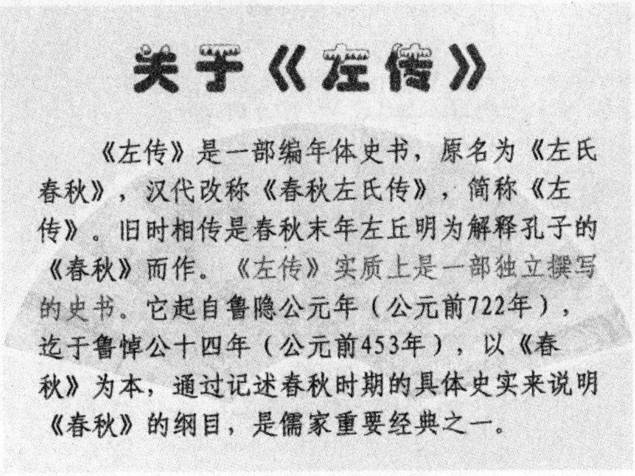

关于《左传》

《左传》是一部编年体史书，原名为《左氏春秋》，汉代改称《春秋左氏传》，简称《左传》。旧时相传是春秋末年左丘明为解释孔子的《春秋》而作。《左传》实质上是一部独立撰写的史书。它起自鲁隐公元年（公元前722年），迄于鲁悼公十四年（公元前453年），以《春秋》为本，通过记述春秋时期的具体史实来说明《春秋》的纲目，是儒家重要经典之一。

图 2-8　课件效果

利用“选择”工具，可以将一个文本框中的文字设置为同一格式。若要将一段文字设置成不同的文字效果，需要利用“文本”工具，先选中需要设置格式的文字，然后进行修饰和美化。

跟我学

设置标题格式

标题文字位于同一个文本框，可以利用选择工具选中文本框，然后一次性设置字体格式。

(1) **打开文件**　运行 Flash 软件，打开“素材”文件夹中的课件半成品“关于《左传》”，效果如图 2-9 所示。

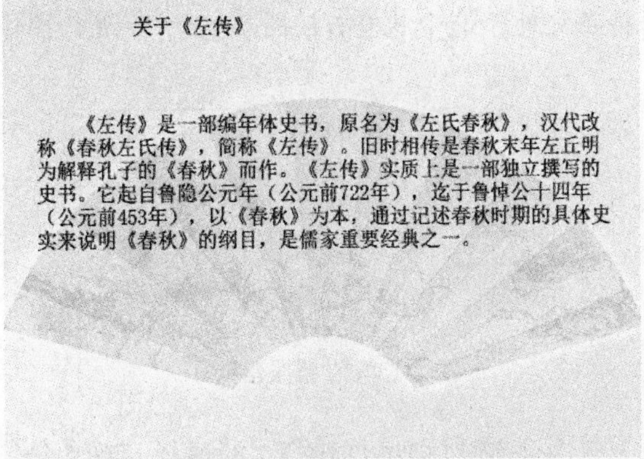

关于《左传》

《左传》是一部编年体史书，原名为《左氏春秋》，汉代改称《春秋左氏传》，简称《左传》。旧时相传是春秋末年左丘明为解释孔子的《春秋》而作。《左传》实质上是一部独立撰写的史书。它起自鲁隐公元年（公元前722年），迄于鲁悼公十四年（公元前453年），以《春秋》为本，通过记述春秋时期的具体史实来说明《春秋》的纲目，是儒家重要经典之一。

图 2-9　半成品效果

(2) **设置格式** 按图 2-10 所示进行操作，设置标题文字格式。

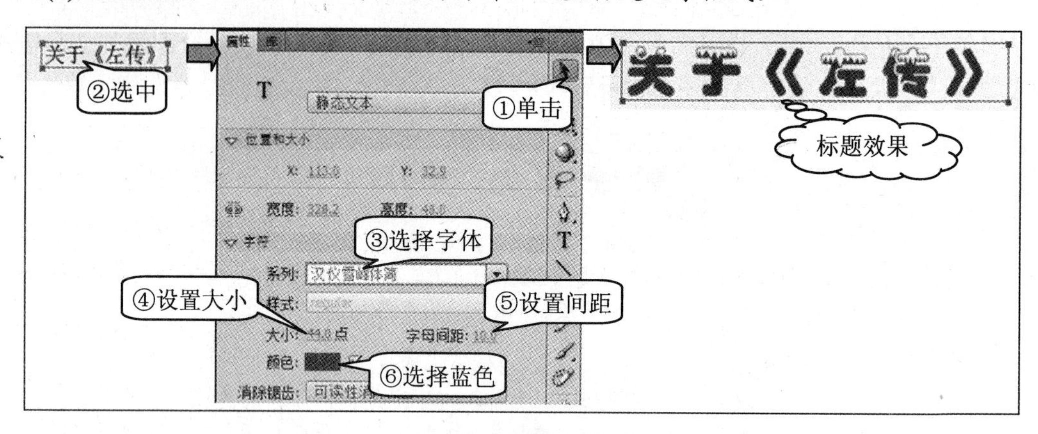

图 2-10 设置标题格式

设置正文格式

先利用选择工具设置好共同属性，再利用文本工具，分别对不同格式的文字进行格式设置。

(1) **设置字体和大小** 按图 2-11 所示进行操作，设置正文文字的字体和大小。

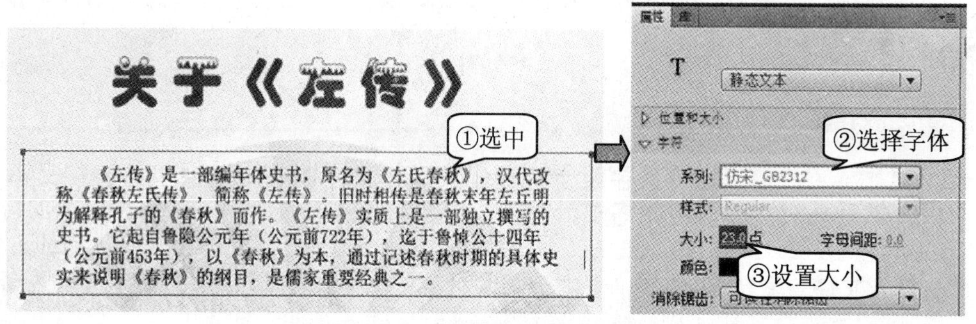

图 2-11 设置正文字体和大小

(2) **设置间距** 保持正文处于选中状态，按图 2-12 所示进行操作，设置正文段落间距。

图 2-12 设置段落间距

(3) **设置文字颜色** 按图 2-13 所示进行操作，将文字“编年体”设置为“蓝色”。

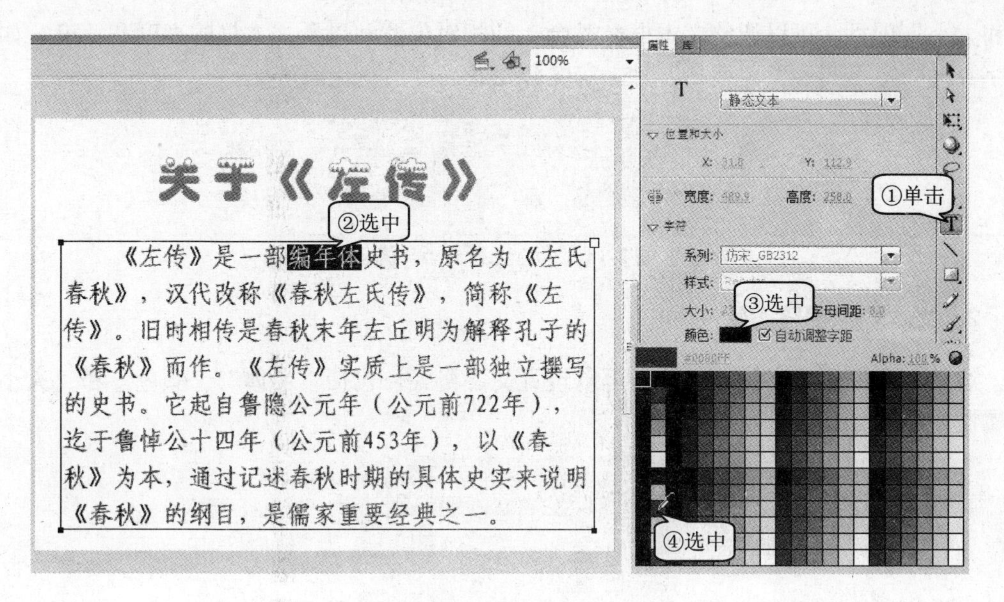

图 2-13　设置文字颜色

要设置部分文字的格式，可以双击文本框，然后再选择需要设置格式的文字。

(1) **设置其他文字颜色**　设置其他关键文字的颜色，效果如图 2-14 所示。

《左传》是一部编年体史书，原名为《左氏春秋》，汉代改称《春秋左氏传》，简称《左传》。旧时相传是春秋末年左丘明为解释孔子的《春秋》而作。《左传》实质上是一部独立撰写的史书。它起自鲁隐公元年（公元前722年），迄于鲁悼公十四年（公元前453年），以《春秋》为本，通过记述春秋时期的具体史实来说明《春秋》的纲目，是儒家重要经典之一。

图 2-14　正文文字效果

(2) **保存并测试课件**　选择“文件”→“保存”命令，保存课件，再选择“控制”→“测试影片”命令，播放并测试课件。

1. 文本框“位置和大小”属性

选中文字之后，再展开“属性”面板，会出现文本框的相关属性，按图 2-15 所示的“位置和大小”项目，可以调整文本框在舞台上的相对位置，以及文本框的高度和宽度。如果文字数量固定不变，当调整高度时，宽度会随着高度的变化而变化。

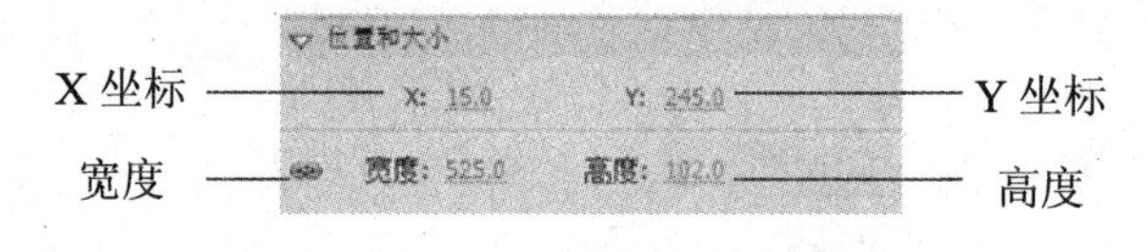

图 2-15 “位置和大小”面板

2. 文本框“字符”属性

通过文本框的“字符”属性，可以设置文字格式，包括“字体”、“颜色”和“大小”等属性，如图 2-16 所示。

图 2-16 “字符”面板

2.1.3 修饰美化文字

Flash CS4 与之前的版本相比，文字的修饰与美化的功能更加强大，它不仅可以设置字体、大小和颜色等效果，还可以像 Photoshop 一样设置滤镜效果，使制作的课件作品更加漂亮美观，修饰美化功能常被用于标题的设计。

实例 3 反应时间

课件“反应时间”是人教版高中《物理》(必修 1)的内容，本实例主要介绍文字滤镜效果的使用，从而来美化课件标题文字，效果如图 2-17 所示。

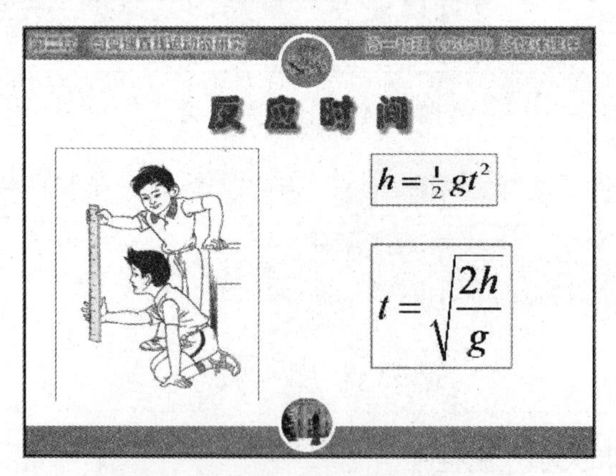

图 2-17 课件“反应时间”效果图

美化该课件标题，可以先根据整体效果设置好标题的字体和文字大小，再展开“滤镜”窗格，进一步美化标题文字。

跟我学

设置文字格式

通过“字符”窗格，先设置好标题文字的字体、大小、颜色和间距等。

(1) **打开半成品**　运行 Flash 软件，打开“素材”文件夹中的课件半成品“反应时间”。

(2) **设置格式**　选中标题文字，按图 2-18 所示进行操作，设置文字格式。

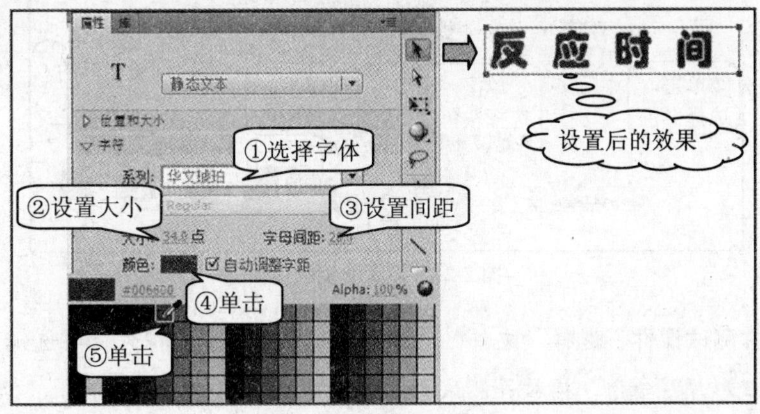

图 2-18　设置文字格式

设置滤镜效果

通过“滤镜”效果窗格，可以为文字设置阴影、发光、投影和模糊等特殊效果。

(1) **调整位置**　按图 2-19 所示进行操作，将标题文字调整到舞台中央。

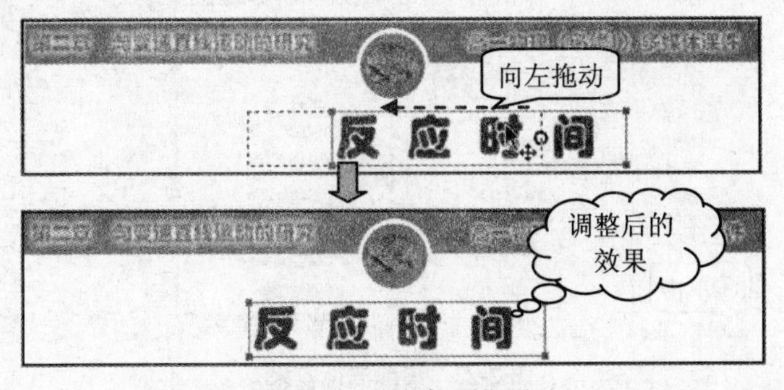

图 2-19　调整标题位置

(2) **添加滤镜**　将标题设为选中状态，按图 2-20 所示进行操作，为标题文字添加“渐变发光”的滤镜效果。

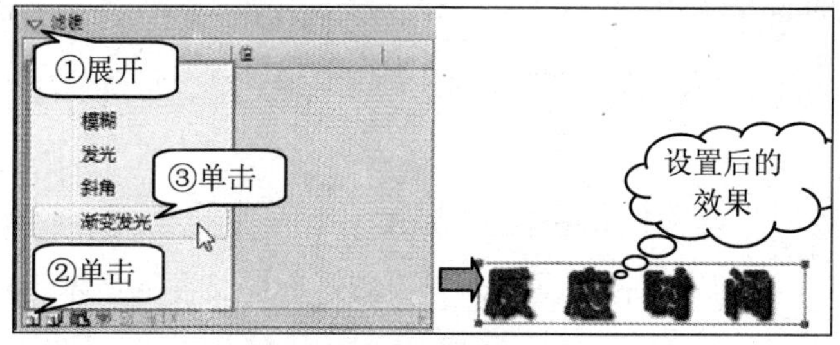

图 2-20　添加滤镜效果

(3) **设置滤镜属性**　按图 2-21 所示进行操作，设置滤镜的过渡颜色。

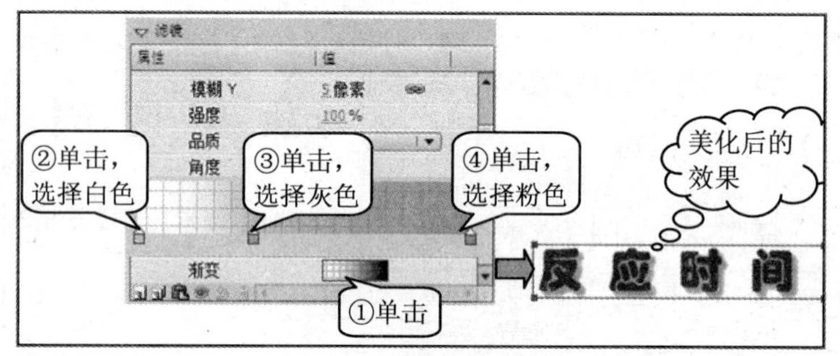

图 2-21　设置滤镜颜色

(4) **保存并测试课件**　选择“文件”→“保存”命令，保存课件，再选择“控制”→“测试影片”命令，播放并测试课件。

**知识库**

1. 清除滤镜效果

设置的滤镜效果如果觉得不美观，可以按图 2-22 所示进行操作将其删除，然后再设置其他的滤镜效果。

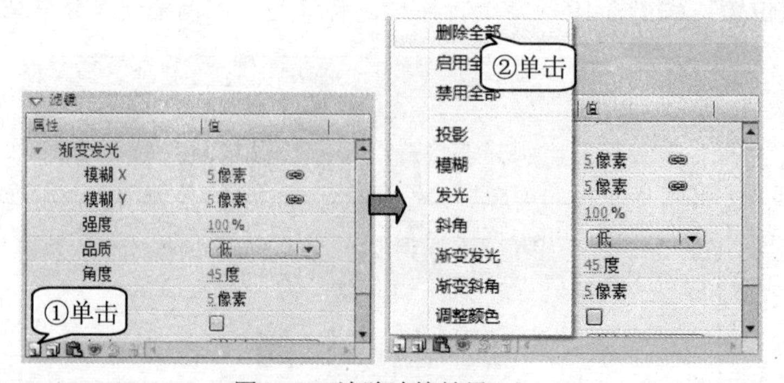

图 2-22　清除滤镜效果

2. 保存预设的滤镜效果

对于设置了漂亮的滤镜效果的文字，可以按图 2-23 所示进行操作，将漂亮的效果保存起来。

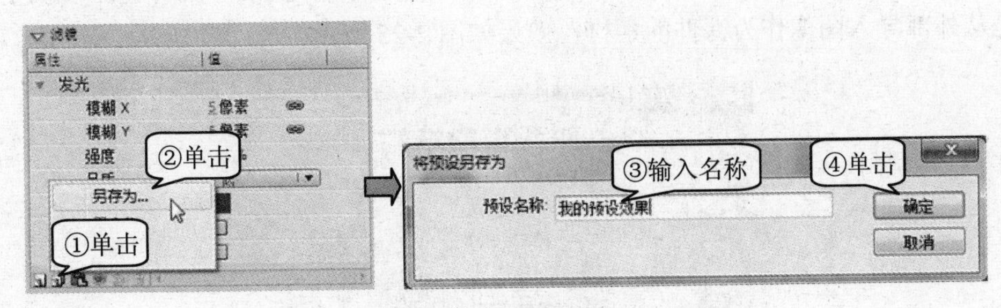

图 2-23 保存滤镜效果

3. 使用预设的滤镜效果

如果已经保存过滤镜的预设效果，可以按图 2-24 所示进行操作，直接使用预设的滤镜效果。

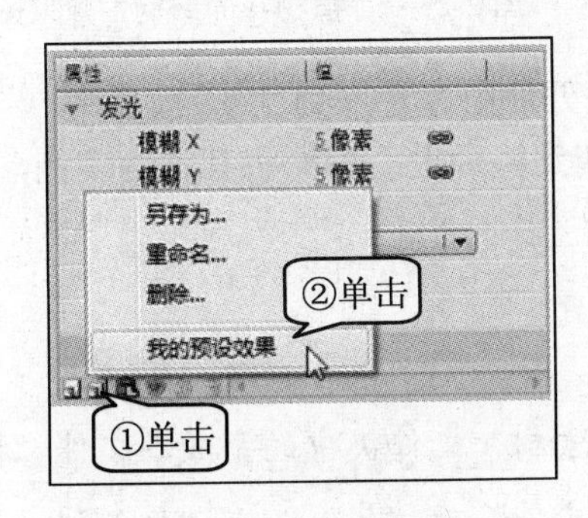

图 2-24 使用预设的滤镜效果

2.2 添加图像

在多媒体 CAI 课件中，图像是应用得最多的素材之一。俗话说一图胜千言，图像中包含有许多学生容易理解的、而用其他形式难以表达的内涵，它能够帮助学生理解和记忆；此外，图像还可以增加课件的美观性，吸引学生的注意力。在 Flash 课件中，要使用外部的图像文件时，首先应将图像文件导入，导入后的图像被放置在场景中，同时存入“库”面板中；然后对导入的图像进行缩放、变形及旋转等操作。

2.2.1 导入图像

Flash 可识别多种格式的图像文件，在使用外部图像文件时，可选择“文件”→“导入到场景(或导入到库)”命令，将图像文件导入到当前场景(或“库”面板)中。这些外部图像可以是从网上下载的，也可以是拍摄或扫描的图片。

实例 4　植物花的结构

课件“植物花的结构”是七年级《生物》(上册)教材中的教学内容。本实例主要介绍的是从外部导入图像作为课件的素材，效果如图 2-25 所示。

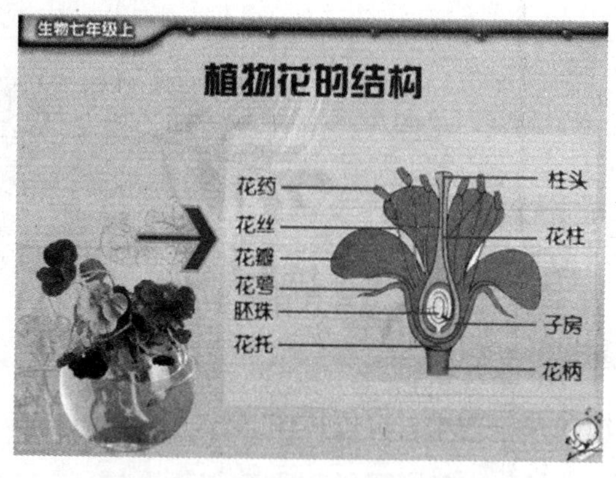

图 2-25　“植物花的结构”效果图

制作此课件时，需先将外部图像导入到“库”面板中，当需要使用的时候，可以从“库”面板中拖到舞台。元件被拖到舞台上之后，将其称为实例，在对实例进行修改时，不会影响元件本身的内容。

跟我学

(1) **打开文件**　打开“素材”文件夹中的半成品文件“植物花的结构”。

(2) **导入素材**　选择“文件”→“导入”→“导入到库”命令，按图 2-26 所示进行操作，导入图像到“库”面板。

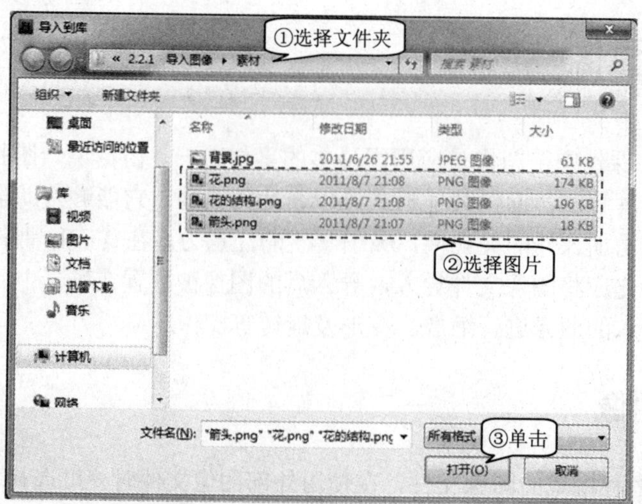

图 2-26　导入图像到“库”面板

如果希望一次导入多个文件，可在“导入”或“导入到库”对话框中，单击选择文件时，按下 Ctrl 键(选择不连续文件)或 Shift 键(选择连续文件)。

(3) **打开“库”面板**　选择“窗口”→“库”命令，打开“库”面板。

(4) **拖动图像到舞台**　按图 2-27 所示进行操作，将图像“花的结构.png”拖动到舞台。

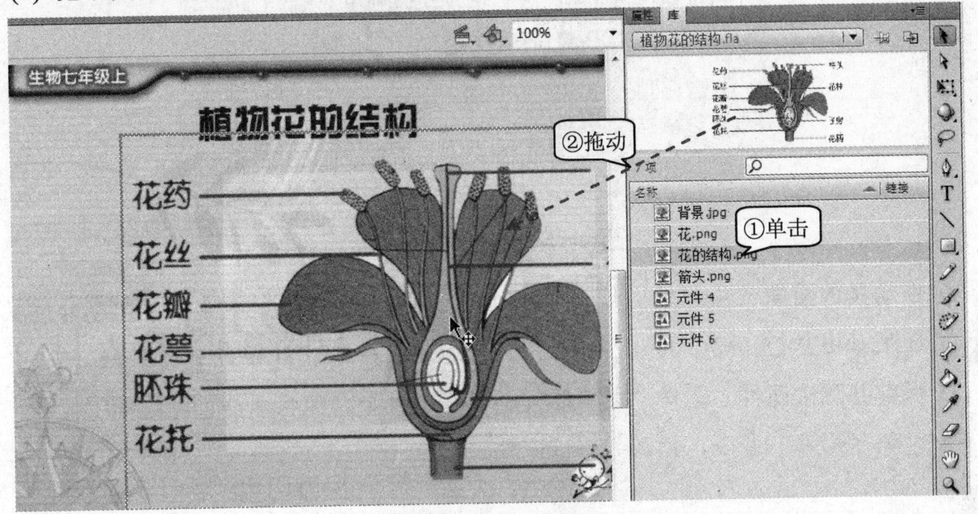

图 2-27　拖动图像

素材放置在“库”面板中被称为“元件”，当把这些“元件”拖到舞台上时，就称之为“实例”。

(5) **调整图像大小**　按图 2-28 所示进行操作，调整舞台上图像的大小。

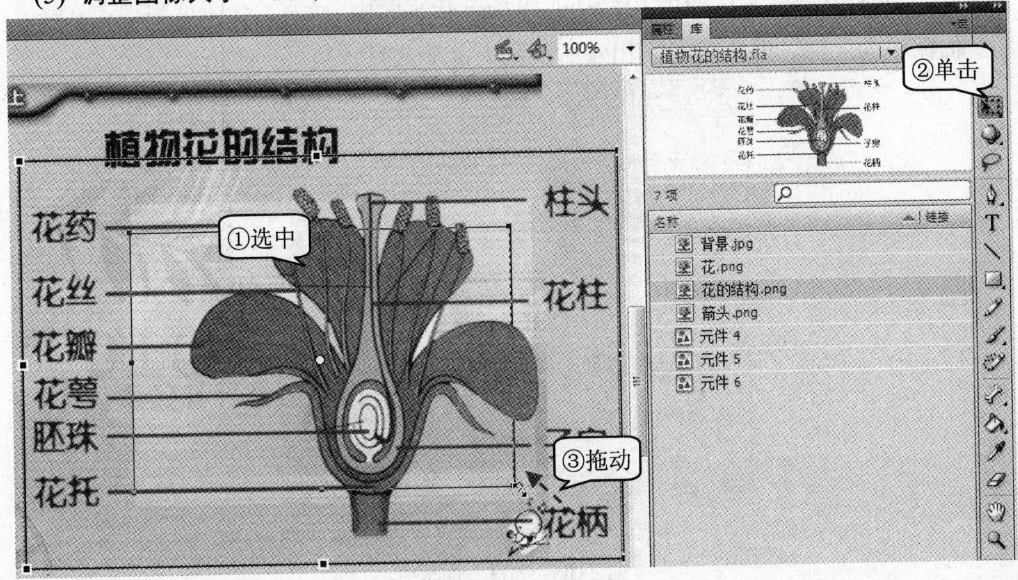

图 2-28　调整图像大小

(6) **调整图像位置** 按图 2-29 所示进行操作，调整舞台上图像的位置。

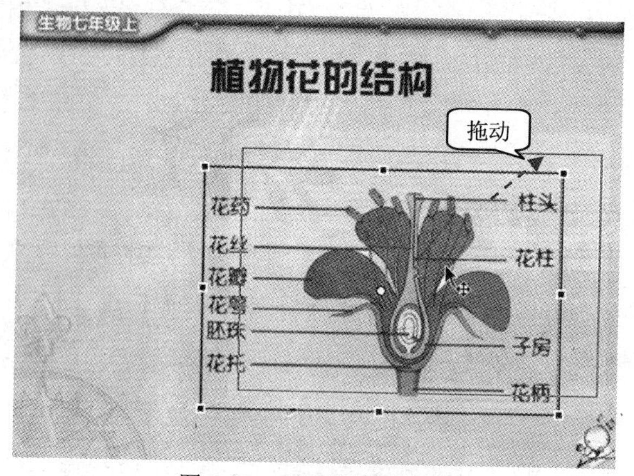

图 2-29 调整图像的位置

(7) **拖动其他图像** 从“库”面板中拖动其他图像到舞台，并适当调整图像的位置，效果如图 2-25 所示。

(8) **保存并测试课件** 选择“文件”→“保存”命令，保存课件，再选择“控制”→“测试影片”命令，播放并测试课件。

知识库

1.“库”面板

如图 2-30 所示的“库”面板主要用于组织和管理元件，利用它可以对其中的元件(图片、声音及按钮等)进行重复使用，大幅减小了文件的大小；另外，还可以与他人共享存于“库”面板中的元件，既提高了制作效率，又丰富了素材资源。

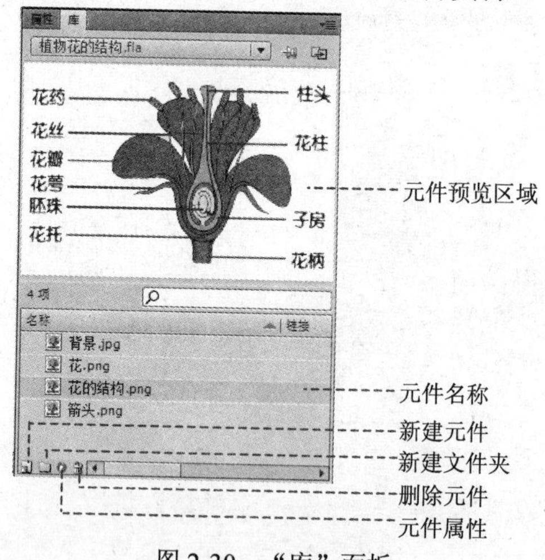

图 2-30 “库”面板

- 单击“选项菜单”按钮，弹出选项菜单，用户可根据需要有选择地执行其中的命令。
- 单击“新建元件”按钮，相当于“插入”菜单中的“新建元件”命令，表示新建一个空元件。
- 单击“新建文件夹”按钮，可建立文件夹，把元件分门别类后放入不同的文件夹中，便于查找和修改。
- 单击“删除”按钮，可以删除“库”面板中所选中的元件或文件夹。
- 单击“元件属性”按钮，用于显示所选元件的属性，也可对元件的属性进行修改。
- 单击“宽库视图”按钮，“库”面板将显示出元件的“名称”、“类型”、“使用次数”、“链接”和“修改日期”等栏目；单击“窄库视图”按钮，“库”面板只显示元件的“名称”和“类型”栏目。
- 单击“元件排序”按钮，可对“库”面板中的元件进行排序，其中为升序按钮(箭头向上)、为降序按钮(箭头向下)。

2. 调整对象形状

通过“任意变形”工具，除可以调整对象外，还可以调整对象的形状，按如图 2-31 所示进行操作，可以在垂直方向上调整对象的形状。

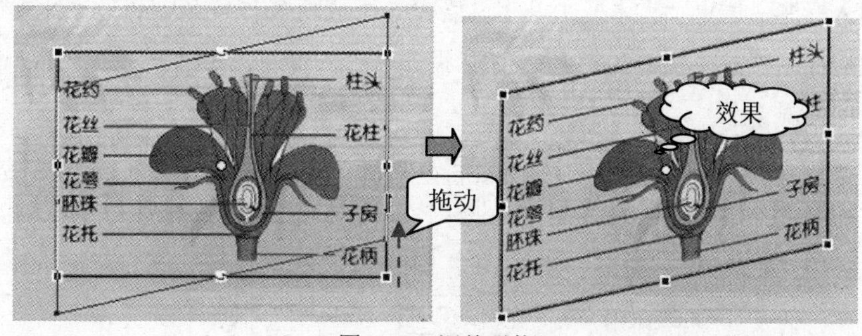

图 2-31　调整形状

2.2.2　编辑图像

将图像导入到“库”面板之后，再从“库”面板中拖到舞台上，很多图像还需要进行简单的调整和设置，如大小、位置和透明度等，使得图像更加美观漂亮。

实例 5　认识钟表

课件“认识钟表”对应小学一年级《数学》(北师大版)(上册)的内容。本课件主要介绍对添加到舞台上图像的简单设置和美化，效果如图 2-32 所示。

图 2-32　课件效果图

制作该课件，可以先输入并设置好标题和内容文字，然后再导入一些所需要的图像。这些图像拖到舞台上时，如果不美观，可以进行适当的修饰和美化。

跟我学

添加和修饰文字

利用文本工具在舞台上输入标题和课件内容，然后再根据要求对文字进行适当的修饰和美化。

(1) **输入标题**　选中“文本”工具T，在舞台上方输入标题文字“认识钟表”。

(2) **设置标题格式**　按图 2-33 所示进行操作，设置标题文字的大小、字体、颜色和字符间距等。

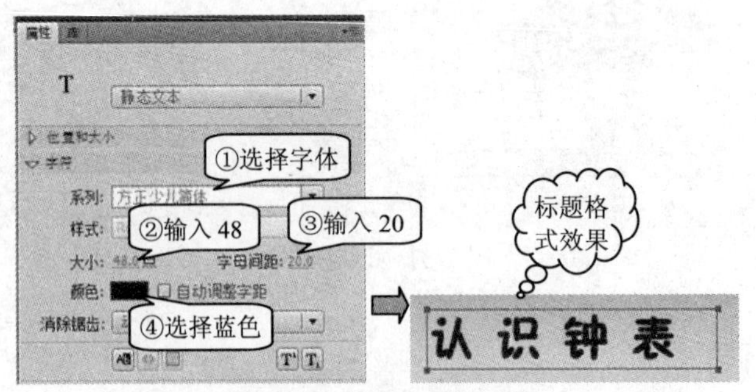

图 2-33　设置标题格式

(3) **输入正文**　在舞台输入正文内容，并设置文字格式为幼圆、18 号和蓝色，文字效果如图 2-34 所示。

整时
分针指着12，时针指着几，就是几时。
半时
分针指着6，时针走过几，就是几时半。

图 2-34　文字效果

制作时钟

该电子时钟是与计算机时间相一致的电子钟，指针是半成品已经存在于“库”面板中，制作时只需要导入钟的圆盘，然后加以美化即可。

(1) **导入图像** 选择“文件”→“导入”→“导入到库”命令，按图2-35所示进行操作，导入“素材”文件夹中的图像到“库”面板。

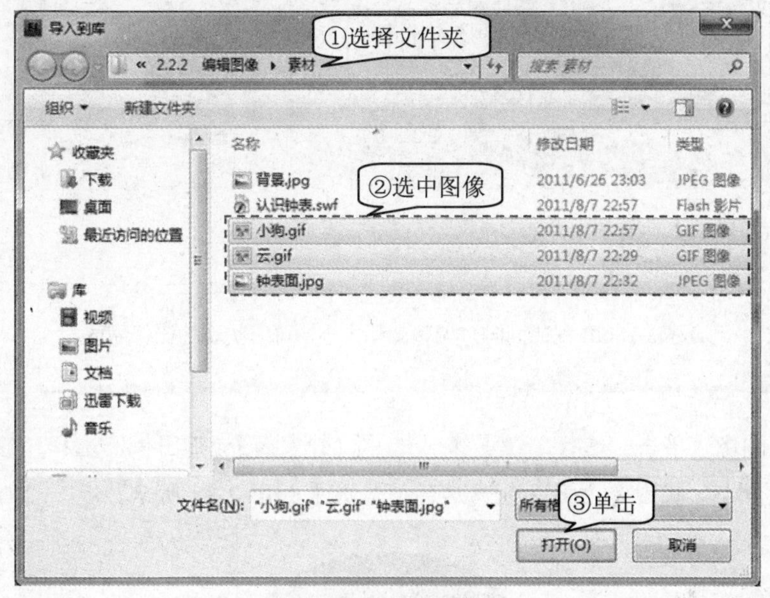

图2-35 导入图像

(2) **拖动图像到舞台** 按图2-36所示进行操作，将图像“钟表面.jpg”拖动到舞台左侧。

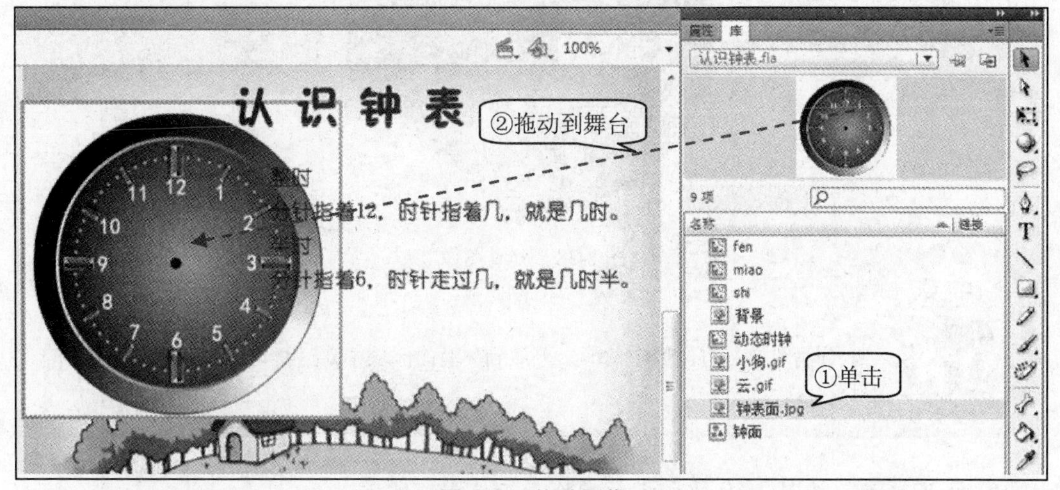

图2-36 拖动图像

(3) **调整图像大小** 按图2-37所示进行操作，适当调整图像的大小。

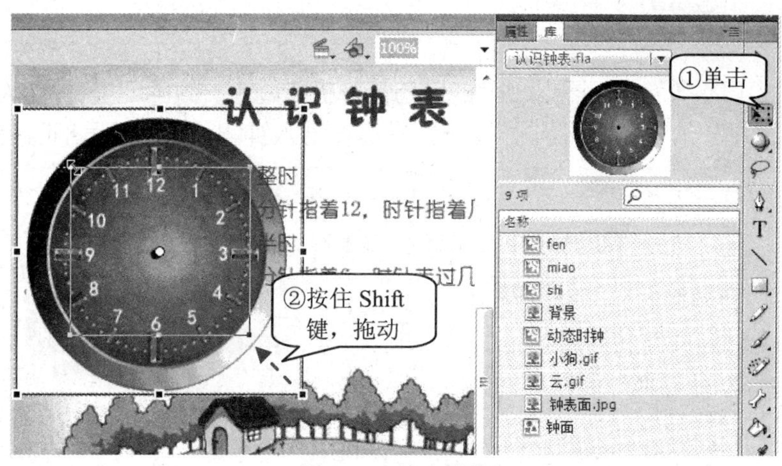

图 2-37　缩小图像

按住 Shift 键的同时，调整图片大小，可以实现等比例缩放。

(4) **分离图像**　单击“选择”工具，选中“钟表面.jpg”图像，选择“修改”→“分离”命令，将图像分离，分离后的图像效果如图 2-38 所示。

图 2-38　分离图像

分离图像是将图像中的像素分散到离散的区域中，这样可以分别选中这些区域并进行修改。

(5) **去掉背景**　按图 2-39 所示进行操作，去掉图像背景。

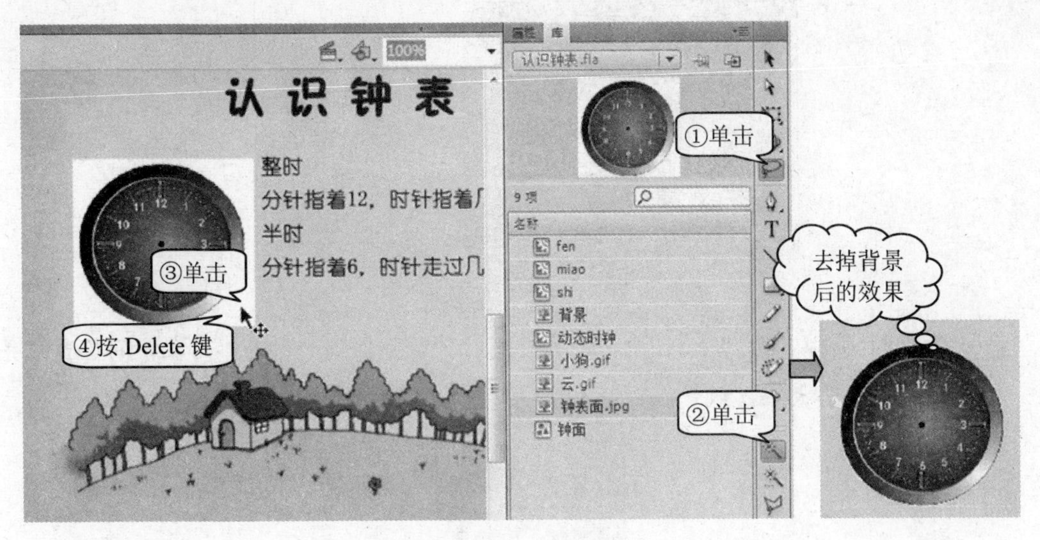

图 2-39　去掉背景

(6) **清除背景杂质**　按图 2-40 所示进行操作，去掉图像背景中未清除干净的杂质。

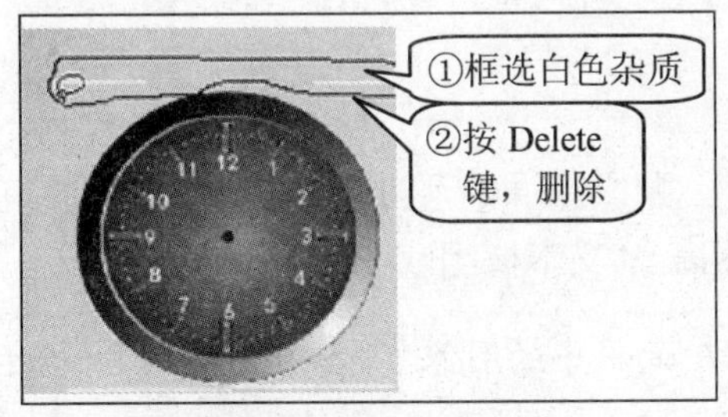

图 2-40　清除背景杂质

(7) **清除其他杂质**　继续去掉图像背景中未清除干净的其他杂质。

(8) **转换元件**　单击“选择”工具，按图 2-41 所示进行操作，将图像转换为图形元件，以便调整其透明度。

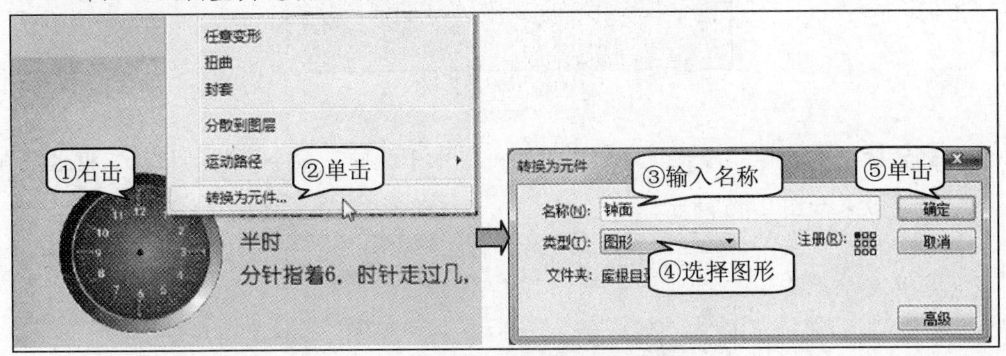

图 2-41　转换为元件

(9) **设置透明度**　展开“属性”面板，按图 2-42 所示进行操作，修改元件的透明度。

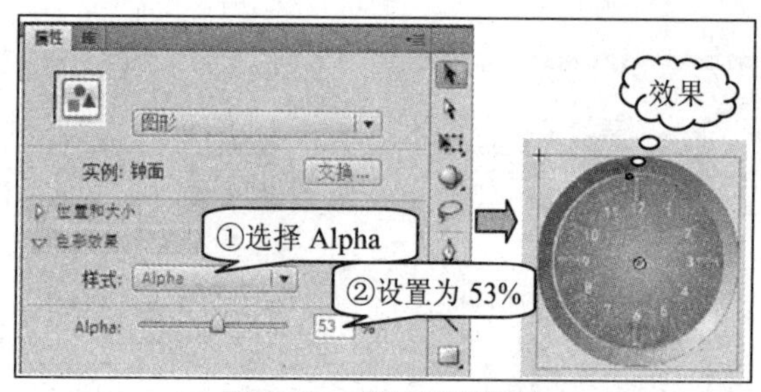

图 2-42　设置透明效果

(10) **调整时钟**　从“库”面板中拖动“动态时钟”元件到“钟面”对象中间位置，并适当调整其大小，效果如图 2-43 所示。

图 2-43　调整时钟后的效果

制作问答题

为增加课堂互动性，设置一个问题让学生来回答，该问题由两个图形对象和一个文本框组成。

(1) **设置标注**　将“库”面板中的图像“标注.gif”拖到舞台右侧，并适当调整其大小，效果如图 2-44 所示。

图 2-44　设置标注

(2) **翻转标注**　选择“修改”→“变形”→“水平翻转”命令，将“标注”框水平翻转，效果如图 2-45 所示。

图 2-45　翻转标注

(3) **输入标注文字**　选择“文本”工具T，按图 2-46 所示进行操作，输入文字，并设置字体格式。

图 2-46　输入文字并设置字体格式

(4) **旋转文字**　按图 2-47 所示进行操作，旋转标注文字。

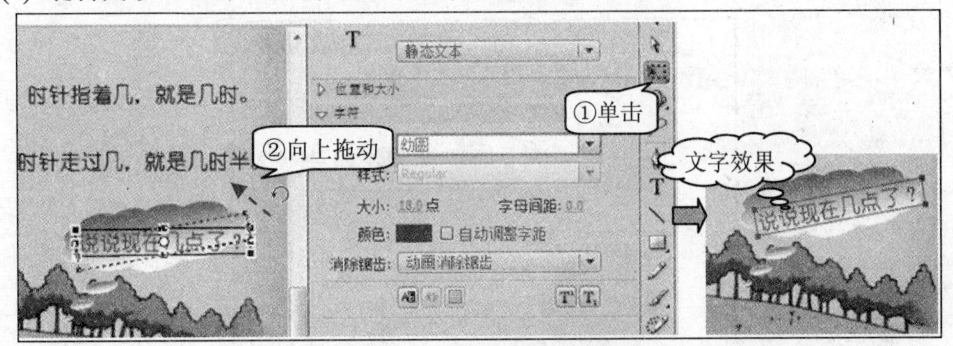

图 2-47　旋转文字

(5) **调整小狗对象**　将“库”面板中的图像“小狗.gif”拖到舞台中移到适当位置，效果如图 2-48 所示。

图 2-48　放置小狗图片

(6) **保存并测试课件**　选择“文件”→“保存”命令，保存课件，再选择“控制”→“测试影片”命令，播放并测试课件。

2.3 添加图形

用 Flash 制作课件时，除了可以从外面导入图像素材外，有时，还可以根据需要绘制一些图形，例如化学实验容器和物理实验器材等。

2.3.1 绘制图形

在 Flash 的“绘图”工具栏中，提供了大量的绘图工具，如“线条”工具、“钢笔”工具、“铅笔”工具、“椭圆”工具及“矩形”工具等，利用这些工具可以非常方便地绘制出所需的各种图形。

实例 6 单分子油膜法测分子直径

课件“单分子油膜法测分子直径”是高中《物理》(选修 3-3)教材中的教学内容。本实例主要介绍在课件中如何绘制简单的图形，效果如图 2-49 所示。

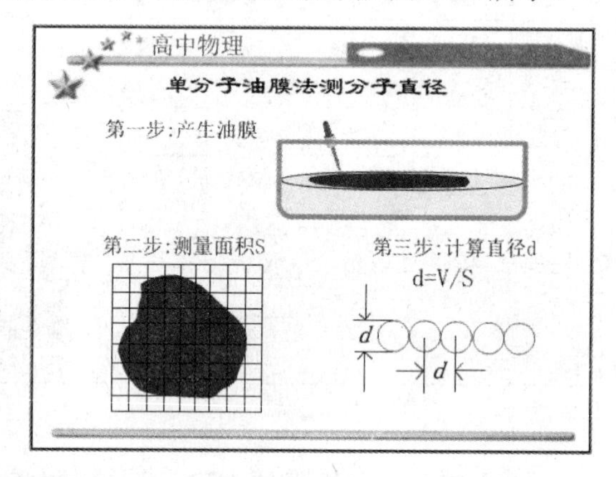

图 2-49 “单分子油膜法测分子直径”效果图

制作此课件时需先导入背景图像到舞台，然后利用绘图工具绘制课件所要用到的实验器材，以及测量膜面积所要用到的图形。

跟我学

制作“背景”图层

该课件的背景图层包括背景图片、标题文字和一些课件内容。

(1) **新建文档** 运行 Flash 软件，并新建一个 Flash 文档。

(2) **更改图层名称** 按图 2-50 所示进行操作，更改“图层 1”的名称为“背景”图层。

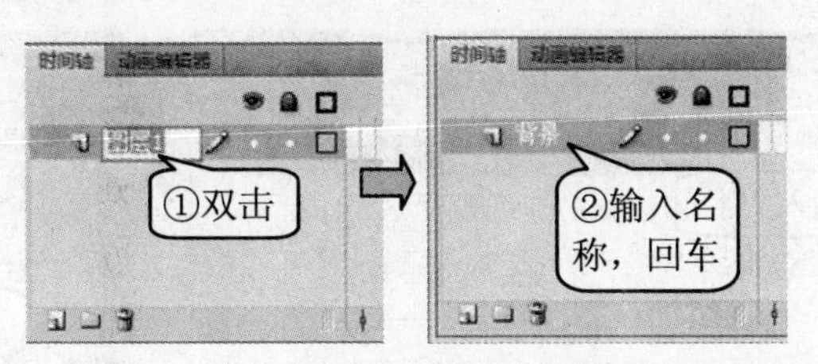

图 2-50　更改图层名称

(3) **导入素材**　选择“文件”→“导入”→“导入到舞台”命令，按图 2-51 所示进行操作，导入图像到舞台。

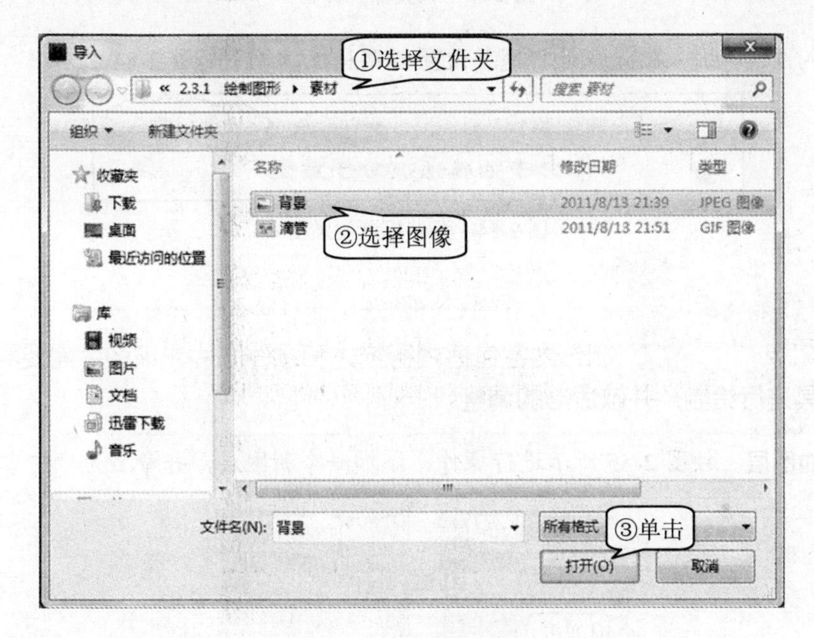

图 2-51　导入图像到舞台

(4) **设置图像属性**　选中图像对象，打开“属性”面板，并按图 2-52 所示进行操作，设置图像的位置和大小。

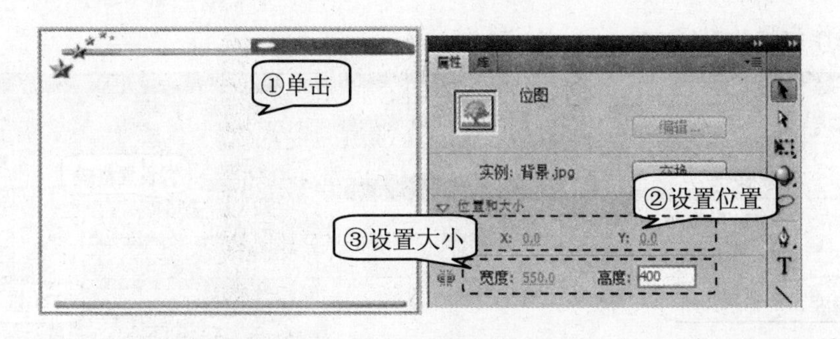

图 2-52　设置图像属性

(5) **输入课程标题**　按图 2-53 所示进行操作，输入课程标题并设置标题属性。

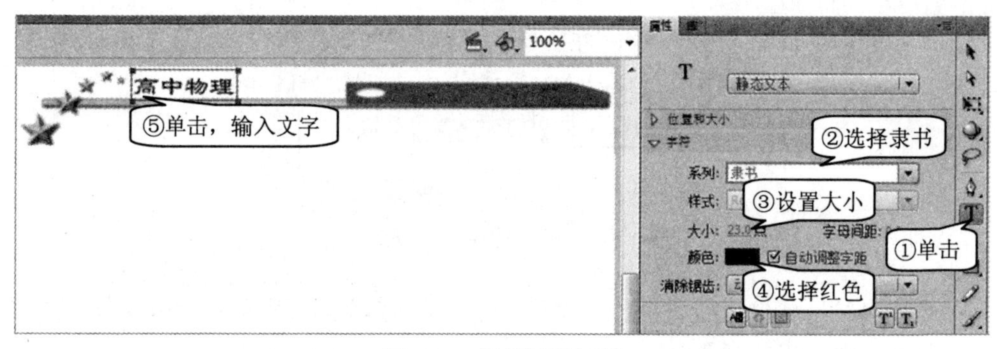

图 2-53　设置课程标题

(6) **输入课件标题**　输入课件标题并设置标题属性，效果如图 2-54 所示。

图 2-54　课件标题效果图

制作课件第一步

制作内容包括内容描述和课件图片，该图片需要利用绘图工具进行绘制，并做适当的调整。

(1) **添加图层**　按图 2-55 所示进行操作，添加一个新图层，并命名为“内容”。

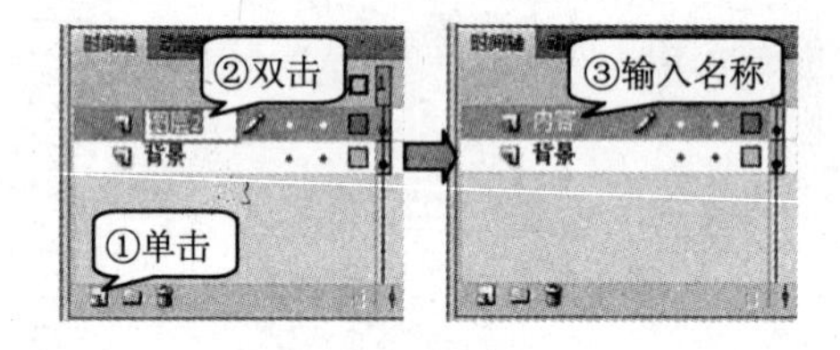

图 2-55　添加图层

(2) **输入内容**　单击选择“内容”图层，按图 2-56 所示进行操作，输入课件中第一个操作步骤的内容。

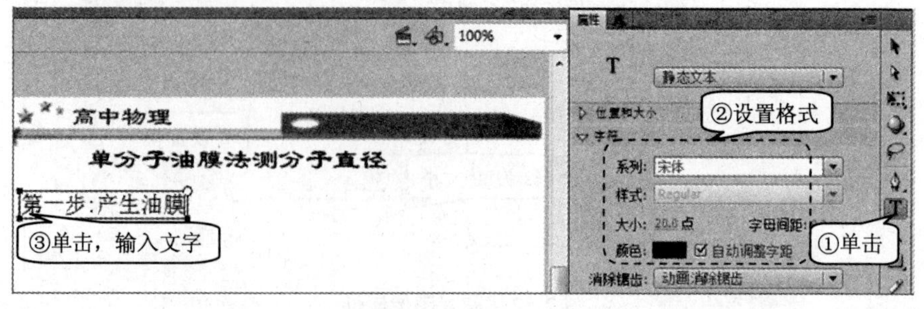

图 2-56　输入内容

(3) **设置颜色**　按图 2-57 所示进行操作，设置矩形工具的边框和填充颜色。

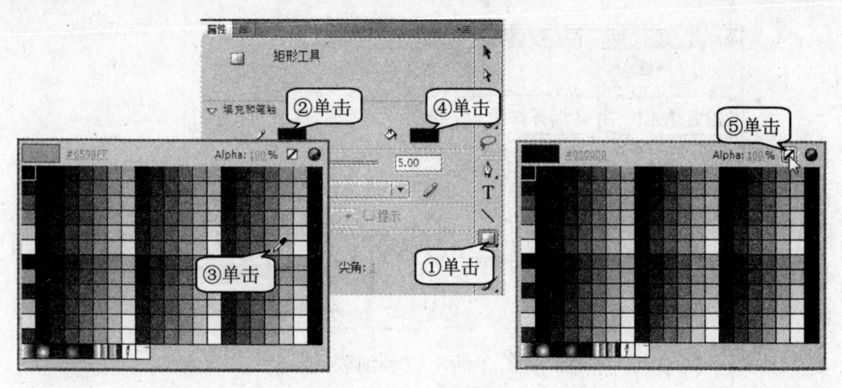

图 2-57　设置颜色

(4) **绘制容器**　按图 2-58 所示进行操作，设置矩形属性并在舞台中绘制一个容器。

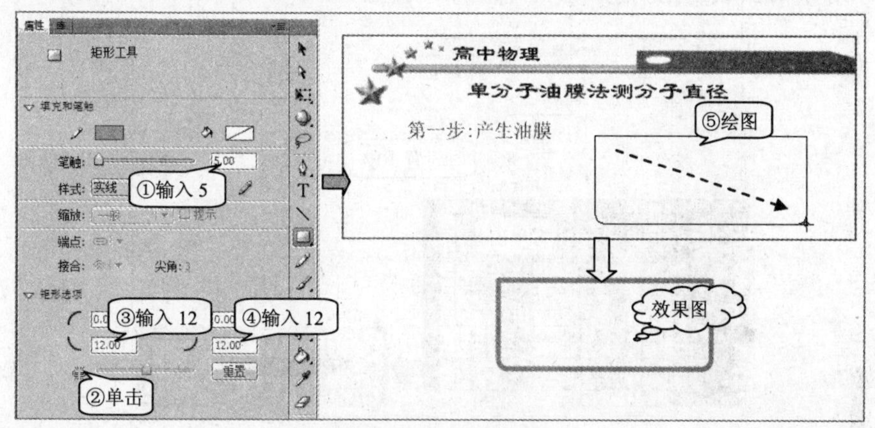

图 2-58　绘制容器

和是边角半径锁定按钮，若当前状态为锁定状态，则调整一个边角半径时，其他边角的半径也会随着变化。

(5) **绘制水面**　按图 2-59 所示进行操作，在容器内绘制一个椭圆形作为水面。

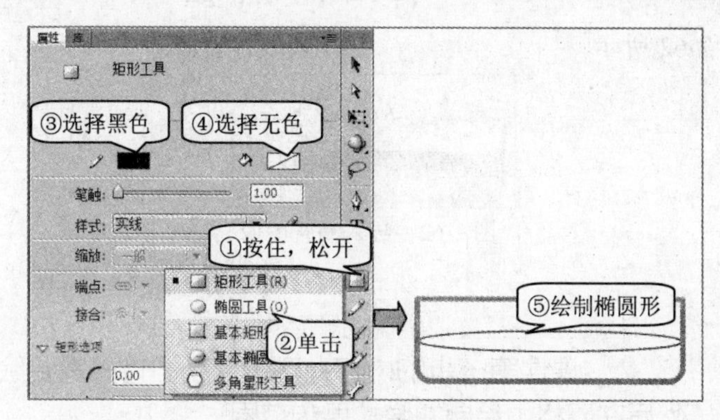

图 2-59　绘制水面

(6) **绘制油膜** 按图 2-60 所示进行操作，在容器内水面上绘制一个红色椭圆作为油膜。

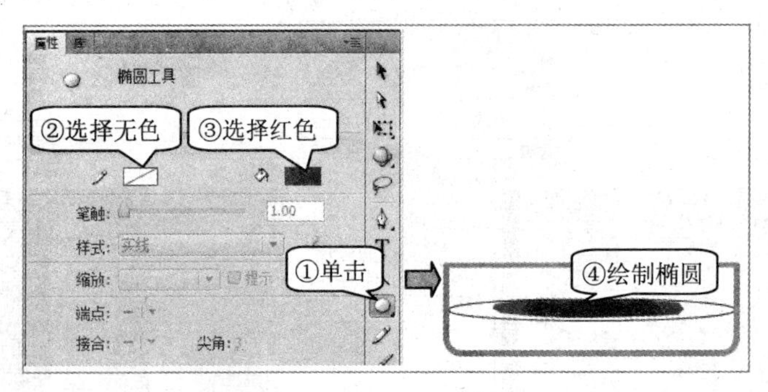

图 2-60 绘制油膜

(7) **填充颜色** 单击工具箱中的“颜料桶”工具，按图 2-61 所示进行操作，为容器中有水的区域填充颜色。

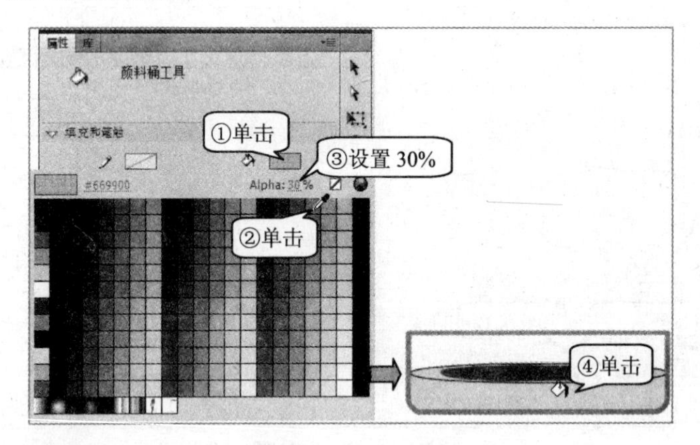

图 2-61 填充颜色

工具栏上的和分别为“颜料桶”工具和“墨水瓶”工具，“颜料桶”工具用于给封闭区域填充颜色，“墨水瓶”工具用于填充边框颜色。

(8) **导入滴管** 从“素材”文件夹中导入图像“滴管.gif”到舞台，并放置到适当位置，效果如图 2-62 所示。

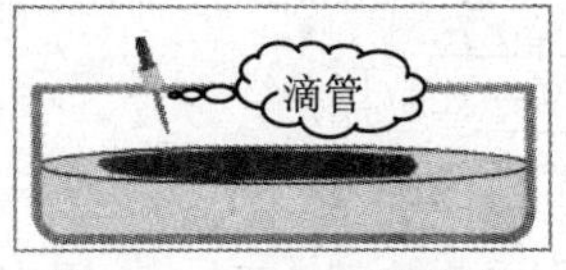

图 2-62 导入滴管图像

制作课件第二步

课件第一步的内容为测量面积，首先需要绘制一个具有网格的矩形，然后在网格中绘制油膜扩展的范围。

(1) **输入内容**　选择“内容”图层，单击“文本”工具，设置文字格式为“宋体、20 点、蓝色”，输入文字“第二步：测量面积 S”。

(2) **添加表格**　从“素材”文件夹中导入“表格.jpg”到舞台上，并适当调整表格的大小和位置，效果如图 2-63 所示。

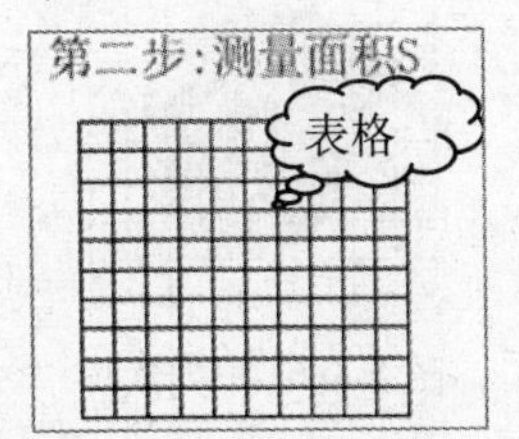

图 2-63　添加表格后的效果

(3) **绘制图形**　按图 2-64 所示，选择“铅笔”工具，然后在表格上方绘制油膜扩散区域。

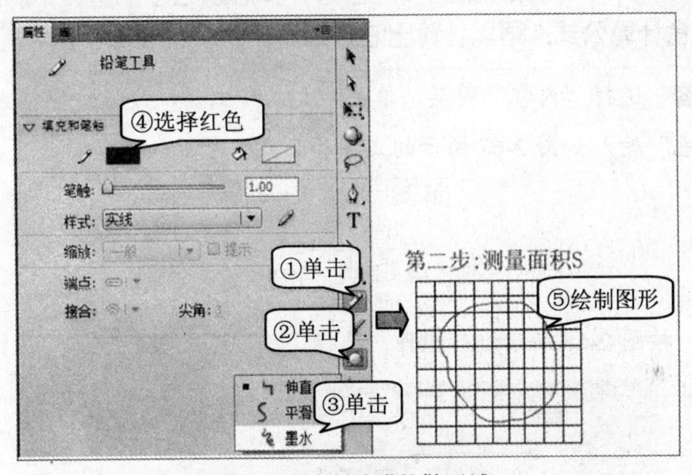

图 2-64　绘制油膜扩散区域

(4) **图形涂色**　按图 2-65 所示，给绘制的油膜涂上颜色。

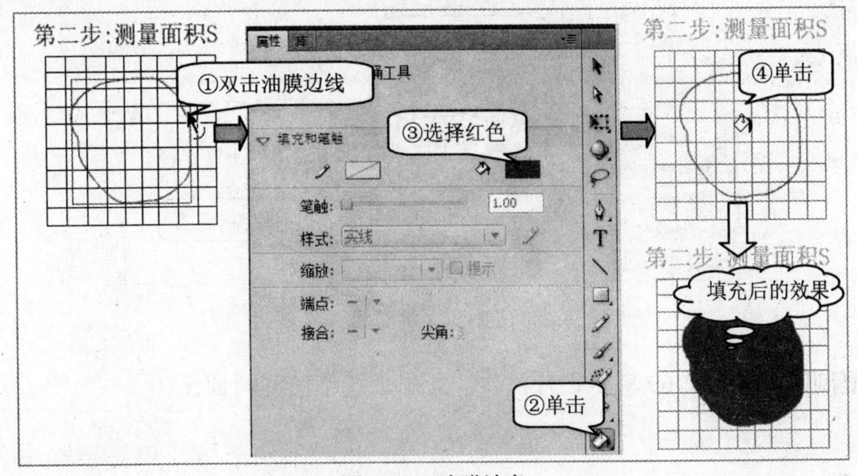

图 2-65　油膜涂色

(5) **返回场景1** 单击“场景1”按钮场景1，返回场景1的舞台。

(6) **排列次序** 单击选中刚绘制的油膜图形，选择“修改”→“排列”→“移至底层”命令，将油膜图形排列到表格的下方，效果如图2-66所示。

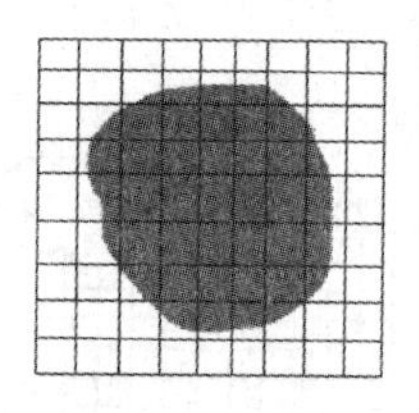

图2-66 排列次序

制作课件第三步

课件第三步内容为计算油膜分子的直径，利用一个示意图，再结合计算公式，可以计算出油膜的直径。

(1) **输入内容** 选择“内容”图层，单击“文本”工具，设置文字格式为“宋体、20点、蓝色”输入如图2-67所示的文字和公式。

第三步:计算直径d
d=V/S

图2-67 输入文字和公式

(2) **绘制圆** 按图2-68所示进行操作，选择“椭圆”工具，在舞台上绘制一个圆。

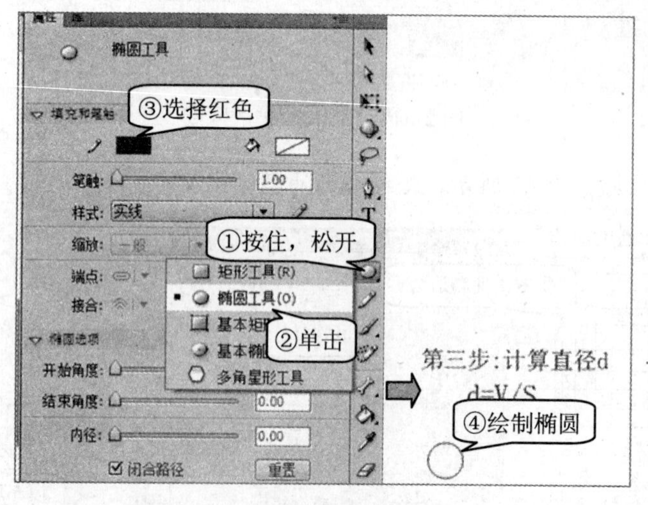

图2-68 绘制圆

(3) **复制圆** 按图2-69所示进行操作，复制出5个同样的圆。

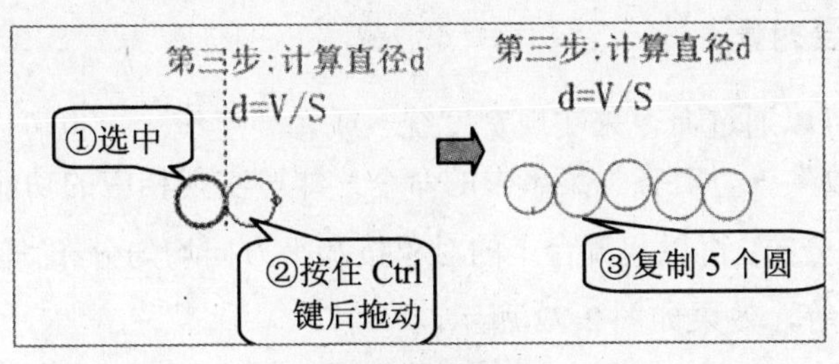

图 2-69　复制圆

(4) **对齐圆**　按图 2-70 所示进行操作，先选中所有的圆，再选择“修改”→“对齐”→“顶对齐”命令进行对齐操作，将所有圆都水平对齐。

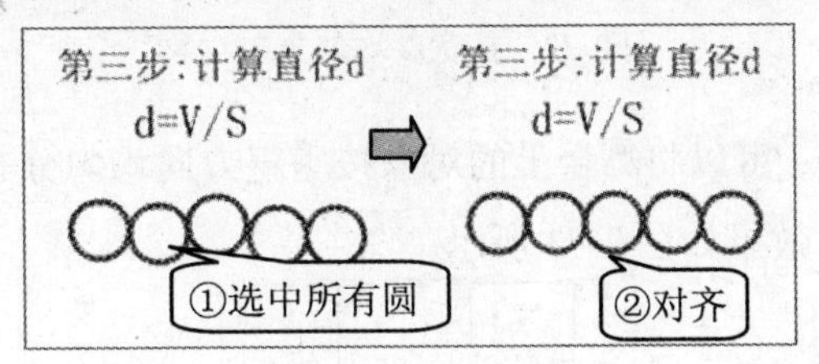

图 2-70　对齐圆

(5) **完成图形绘制**　选择“椭圆”工具和“文本”工具，完成课件第三步中图形的绘制，效果如图 2-71 所示。

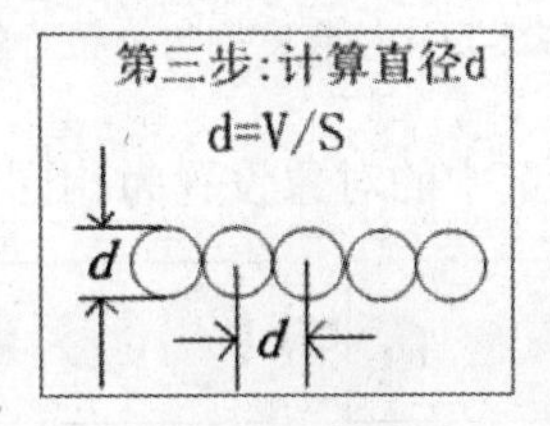

图 2-71　绘制完成后的图形效果

(6) **保存并测试课件**　选择“文件”→“保存”命令，保存课件，再选择“控制”→“测试影片”命令，播放并测试课件。

1.“对齐”舞台对象

舞台上的对象如果比较多，需要水平或者垂直对齐，则要用到菜单项中的各种对齐方式，这样能够方便操作，并且能够满足我们的需要。选择“修改”→“对齐”菜单中的相应命令，即可使用相应的对齐方式。

- 水平对齐：水平对齐方式分为“左对齐、水平居中和右对齐”。
- 垂直对齐：垂直对齐方式分为“顶对齐、垂直居中和底对齐”。

2. “分布”舞台对象

舞台上的对象可以通过命令来实现宽度统一或者高度统一，也可以通过菜单来实现大小统一，选择“修改”→“对齐”菜单中的命令，即可实现相应的功能。

- 按宽度均匀分布：可以将舞台上的对象按水平方向均匀分布，使各个对象水平方向间的间距相等，效果如图 2-72 所示。

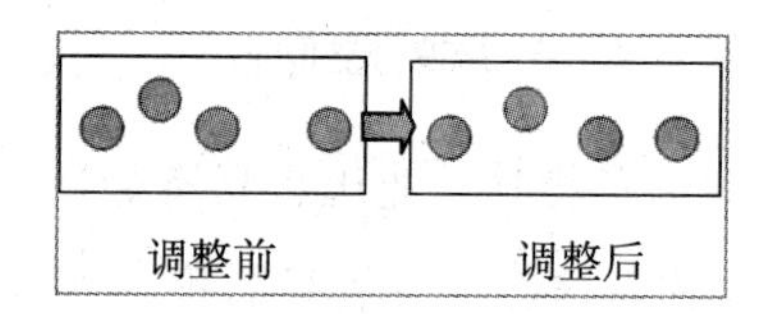

图 2-72　按宽度均匀分布对象

- 按高度均匀分布：可以将舞台上的对象按垂直方向均匀分布，使各个对象垂直方向间的间距相等，效果如图 2-73 所示。

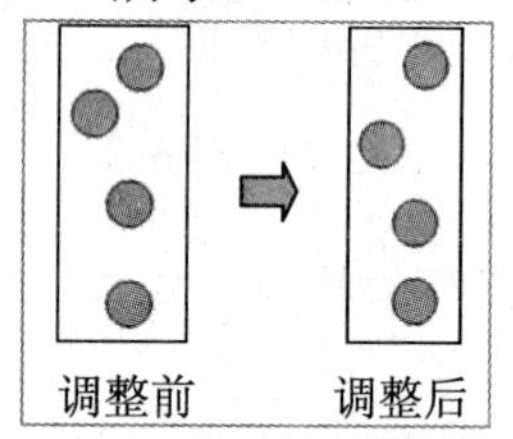

图 2-73　按高度均匀分布对象

- 设为相同的宽度：可以将选中的对象设置为相同的宽度，效果如图 2-74 所示。

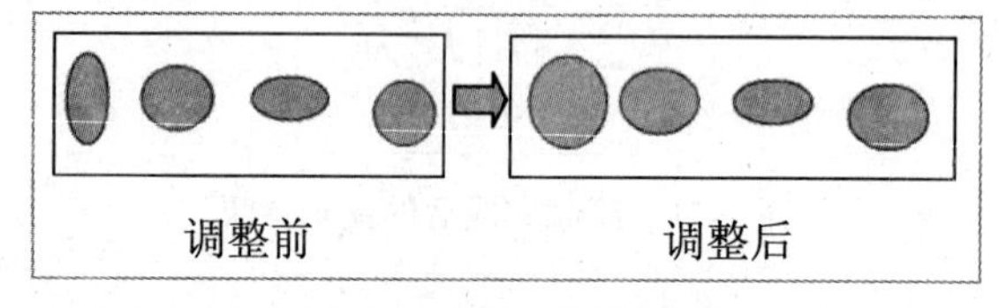

图 2-74　设为相同的宽度

- 设为相同的高度：可以将选中的对象设置为相同的高度，效果如图 2-75 所示。

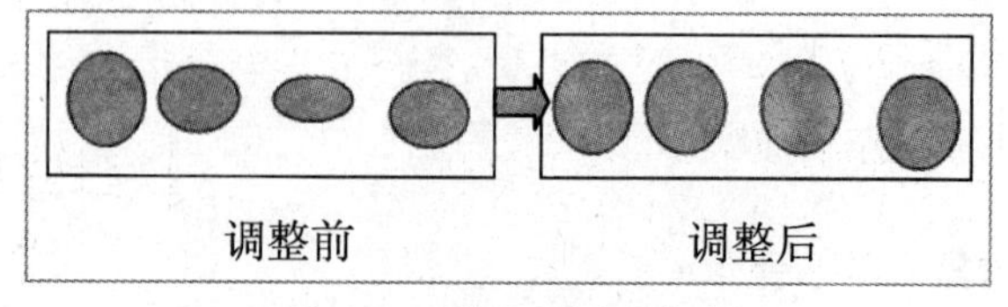

图 2-75　设为相同的高度

2.3.2　编辑图形

在制作课件时，利用绘制工具绘制的图形，往往不能一次达到要求，必须进行细微的调整和编辑来满足课件的需要。在 Flash 中，可利用工具栏中的工具对绘制好的各种图形进行编辑与调整，如“选取”工具可选择图形和改变对象的形状，“墨水瓶”工具和“颜料桶”工具可改变图形的颜色，“任意变形”工具可对图形进行缩放和旋转等操作。

实例 7　制取无水氯化铜

课件“制取无水氯化铜”是高中一年级《化学》教材中的教学内容。本实例主要介绍在课件中绘制图形并对图形进行编辑，效果如图 2-76 所示。

制取无水氯化铜

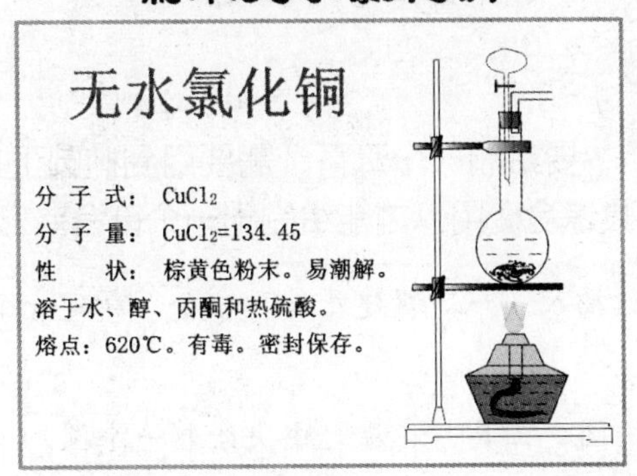

图 2-76　“制取无水氯化铜”效果图

在制作此课件时，需先添加一些图形元件，在图形元件中绘制化学实验中所要用到的实验器材，最后再将这些图形元件放置到舞台，组成一个完整的课件。

跟我学

绘制导管

利用直线工具，可以绘制导管，也可以利用矩形工具绘制两个矩形，适当修改后也可制成导管。

(1) **插入元件**　选择“插入”→“新建元件”命令，新建一个图形元件，名称为“导管”。

(2) **绘制矩形**　按图 2-77 所示进行操作，在舞台上绘制两个矩形。

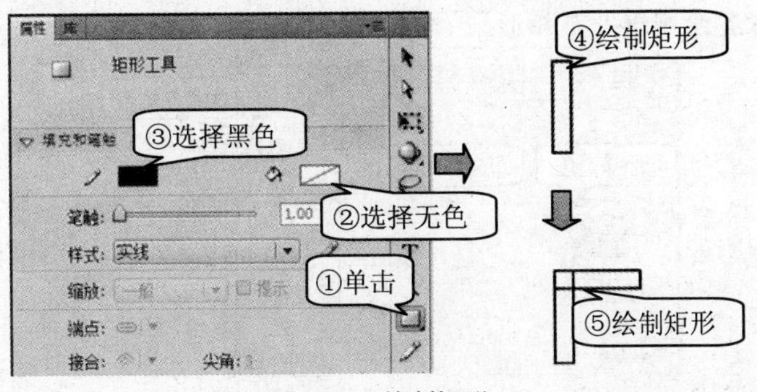

图 2-77　绘制矩形

(3) **删除多余线条** 单击“选择”工具，按图 2-78 所示进行操作，删除两个矩形中多余的线条。

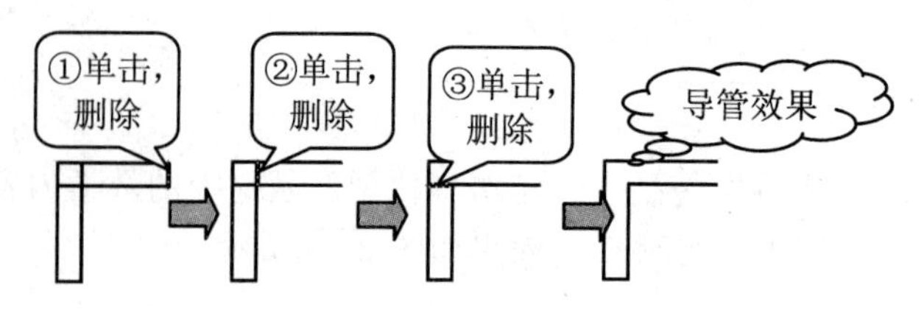

图 2-78 绘制矩形

绘制滴管

要绘制一个滴管，需要用到椭圆工具、直线工具和选取工具等，将这些工具综合使用，才能绘制出一个符合要求的滴管。

(1) **插入元件** 选择“插入”→“新建元件”命令，新建一个图形元件，名称为“长颈漏斗”。

(2) **绘制圆** 选择“椭圆”工具，在舞台中央绘制一个圆。

(3) **放大舞台** 按图 2-79 所示进行操作，放大舞台的显示比例。

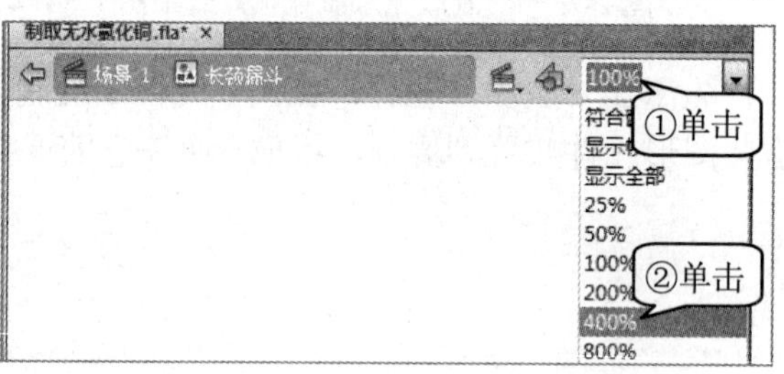

图 2-79 放大舞台的显示比例

舞台大小经过缩放之后，只是显示方式被放大或者缩小，舞台上的对象实际上并未被缩放。

(4) **绘制矩形** 选择“矩形”工具，按图 2-80 所示进行操作，在前面所绘制的圆形上方和下方各绘制出一个矩形。

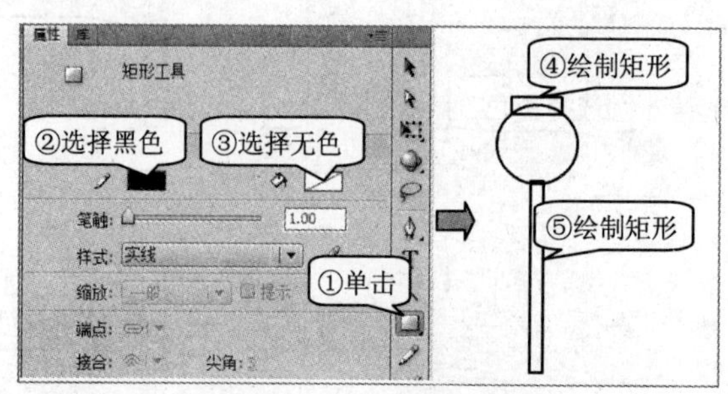

图 2-80 绘制矩形

(5) **删除线条**　单击“选择”工具，按图 2-81 所示进行操作，删除多余的线条。

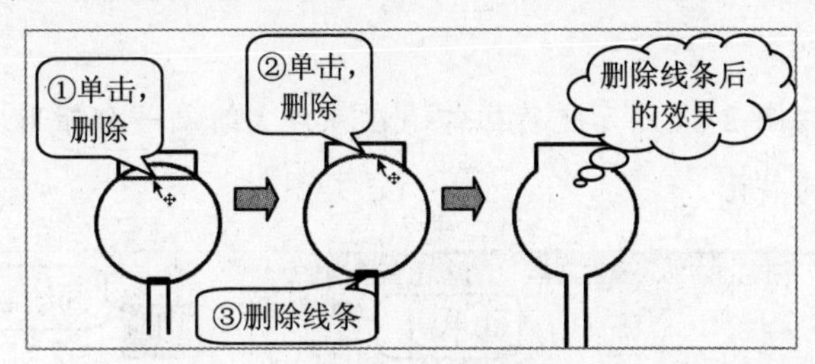

图 2-81　删除线条

(6) **调整形状**　按图 2-82 所示进行操作，调整矩形的形状，并使得矩形的下方形成一个斜角。

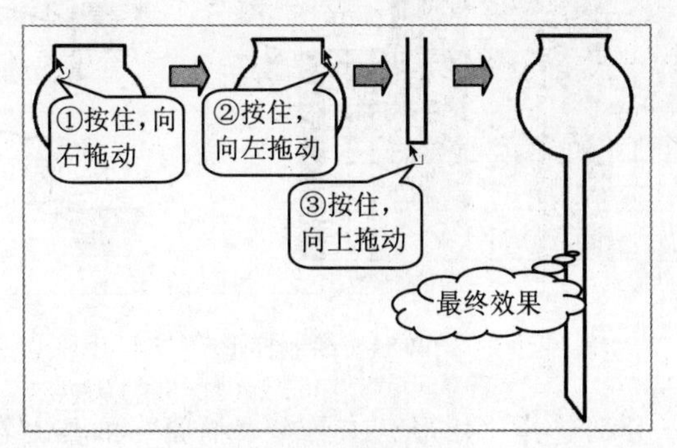

图 2-82　调整形状

在调整对象形状时，要先取消对象的选中状态，然后将鼠标靠近边框线，拖动鼠标即可调整形状。

(7) **完成制作**　调整舞台的缩放比例，还原到 100%状态，再按图 2-83 所示进行操作，绘制漏斗的阀门。

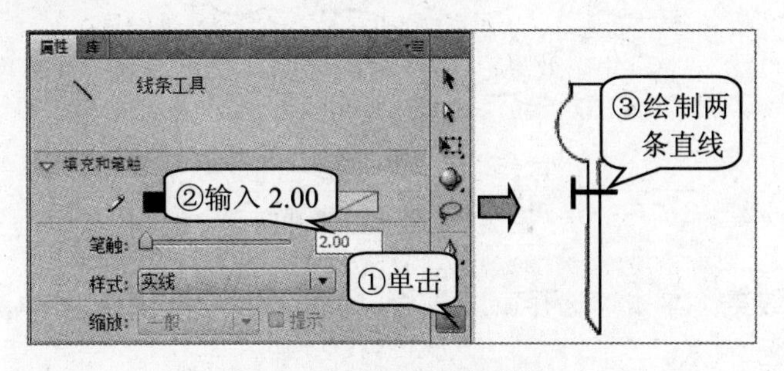

图 2-83　完成漏斗的制作

绘制烧瓶

烧瓶是由瓶体和瓶塞组成的，瓶塞由一个具有过渡颜色效果的梯形构成，瓶体中的化学试剂，可以利用铅笔工具进行绘制。

(1) **插入元件** 选择"插入"→"新建元件"命令，新建一个图形元件，名称为"烧瓶"。

(2) **绘制梯形** 按图2-84所示进行操作，在舞台上绘制一个矩形，利用"选择"工具将矩形调整为梯形。

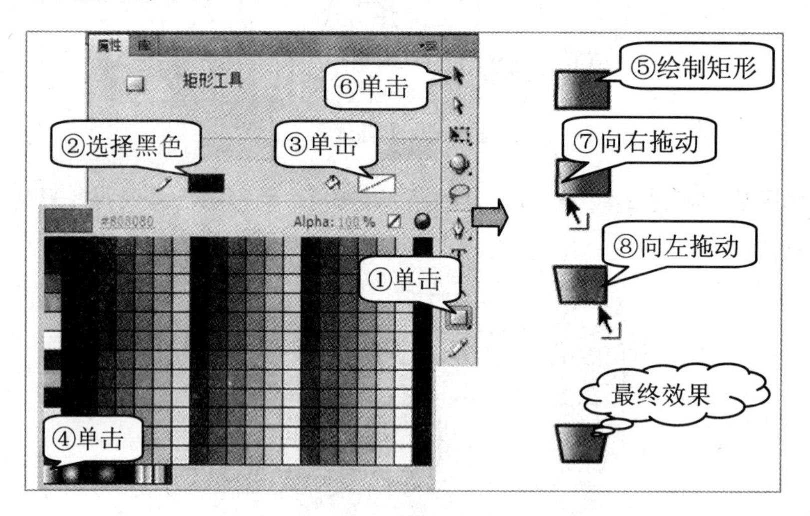

图2-84 绘制梯形

(3) **绘制矩形和圆** 分别选择"矩形"工具和"椭圆"工具，在梯形下方绘制出一个矩形和一个圆，效果如图2-85所示。

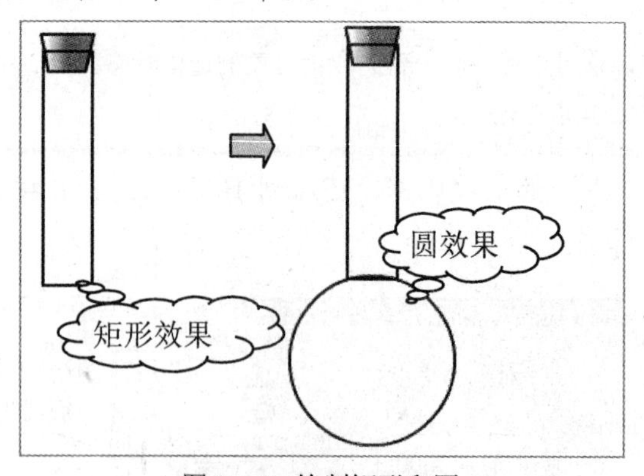

图2-85 绘制矩形和圆

(4) **删除多余线条** 单击"选择"工具，按图2-86所示进行操作，删除图形中所有的多余线条。

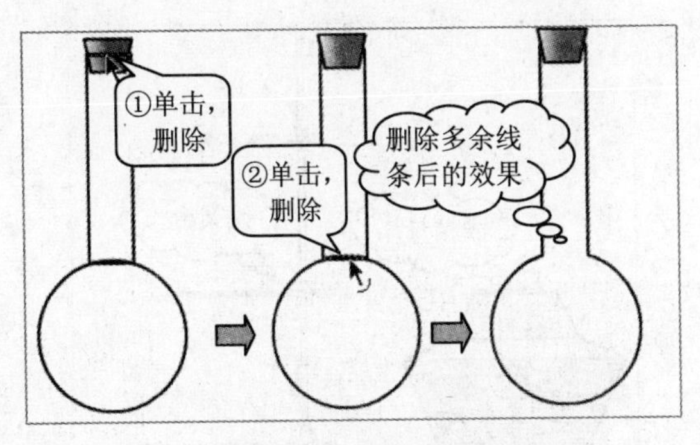

图 2-86　删除多余线条

(5) **绘制虚线**　按图 2-87 所示进行操作，在烧瓶中绘制一条虚线作为溶液的表面。

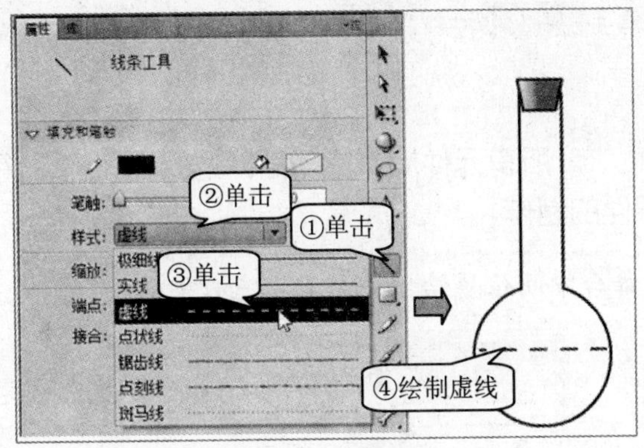

图 2-87　绘制虚线

(6) **绘制固体试剂**　按图 2-88 所示进行操作，在烧瓶底部绘制一些固体试剂。

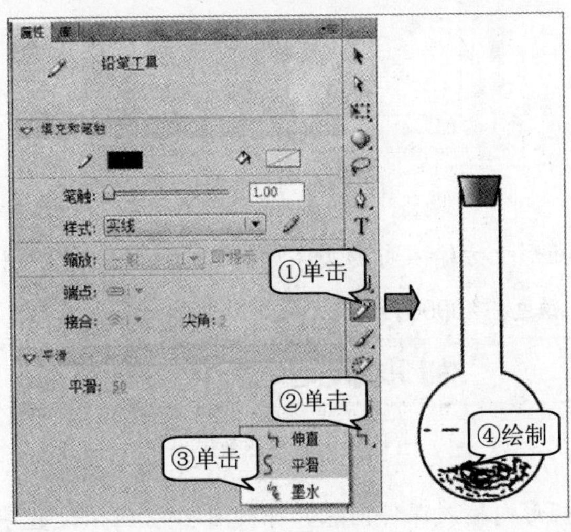

图 2-88　绘制固体试剂

(7) **制作其他元件**　利用绘图工具栏，分别完成“酒精灯”和“铁架台”图形元件的制作，效果如图 2-89 所示。

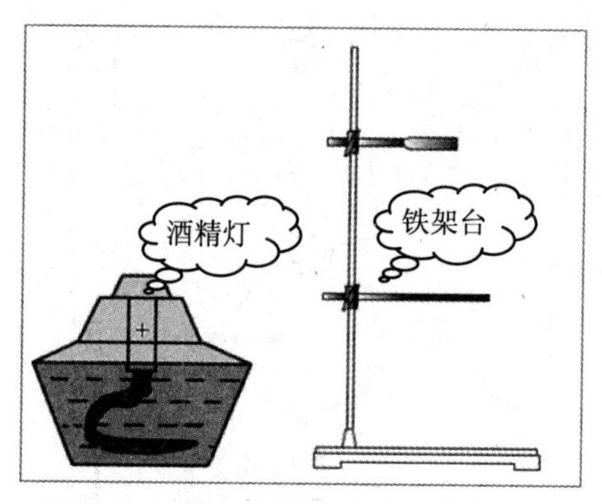

图 2-89　绘制“酒精灯”和“铁架台”

(8) **返回场景 1**　单击 场景 1 按钮，返回场景 1，完成所有元件的制作。

制作主舞台

所有元件制作完毕后，返回主舞台，将制作好的元件拖到舞台，完成课件的制作。

(1) **绘制矩形**　在舞台中间位置绘制一个无填充效果的矩形，效果如图 2-90 所示。

图 2-90　矩形效果

(2) **输入标题**　在矩形上方输入标题文字“制取无水氯化铜”，并设置为“字体：隶书，大小：40 号，颜色：#000099”，效果如图 2-91 所示。

制取无水氯化铜

图 2-91　标题效果

(3) **输入内容**　在矩形内输入课件内容，并按图 2-92 所示设置字体格式。

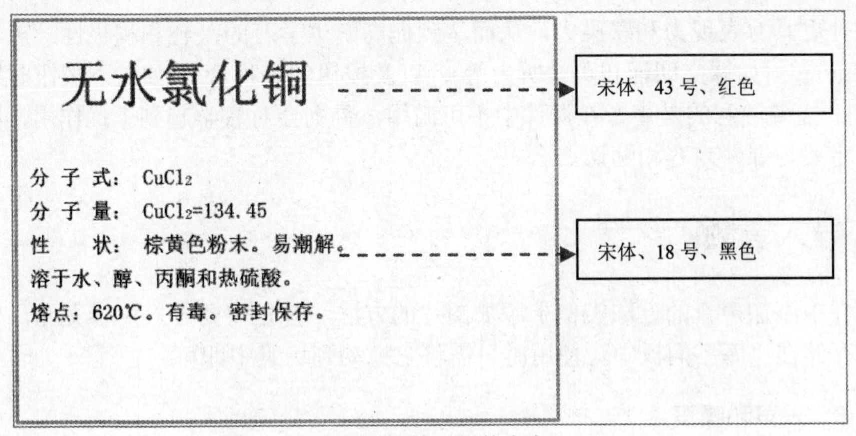

图 2-92　输入课件内容

(4) **修改图层**　双击“图层 1”，修改名称为“背景”。

(5) **添加图层**　在“背景”图层上方添加一个新图层，命名为“内容”。

(6) **组装实验仪器**　按图 2-93 所示进行操作，从“库”面板中将元件拖到舞台，组装实验仪器。

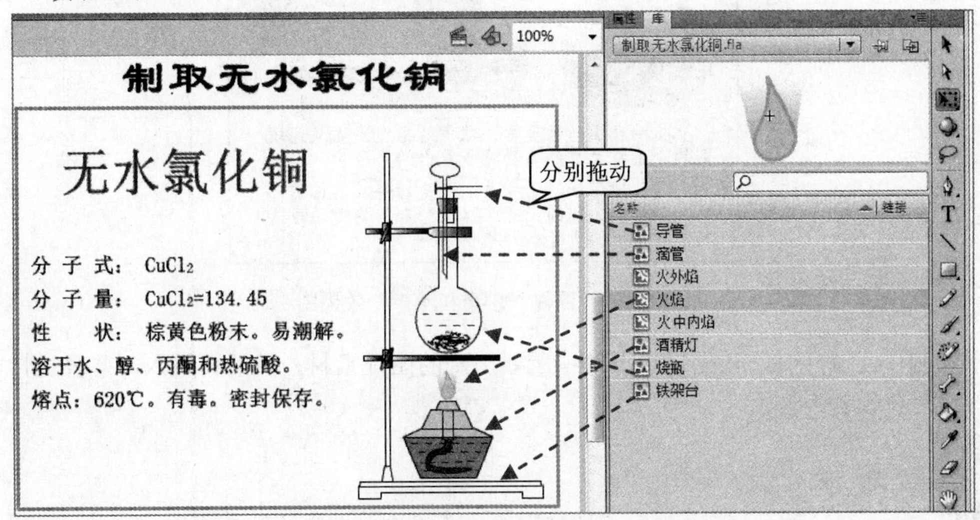

图 2-93　组装实验仪器

从“库”面板中拖动元件到舞台时，要注意拖动的先后顺序，后拖动的对象将会压住先拖动的对象。

2.4　添加音频

在多媒体 CAI 课件中，声音是一个非常重要的表现元素，适当地在课件中添加声音，可以使课件更具有表现力和感染力，从而达到提高学生学习的兴趣和积极性。声音主要用于制作背景音乐(如课文朗诵和英语听力等)，以及按钮的各种音效(如按下按钮时发出“咔嗒”声等)。需要注意的是声音在课件中不可滥用，否则会对教学起到干扰作用，同时声音的选择一定要与课件内容相贴切。

2.4.1 导入音频

在课件中添加声音的方法类似于添加图片的方法，首先需要导入声音文件，导入后的声音文件存储在“库”面板中，使用时只需将它拖动到场景中即可。

实例 8　乐声和噪声

课件“乐声和噪声”是八年级初中《物理》(上册)北师大版教材的教学内容。本实例主要介绍在课件中导入声音并进行播放，效果如图 2-94 所示。

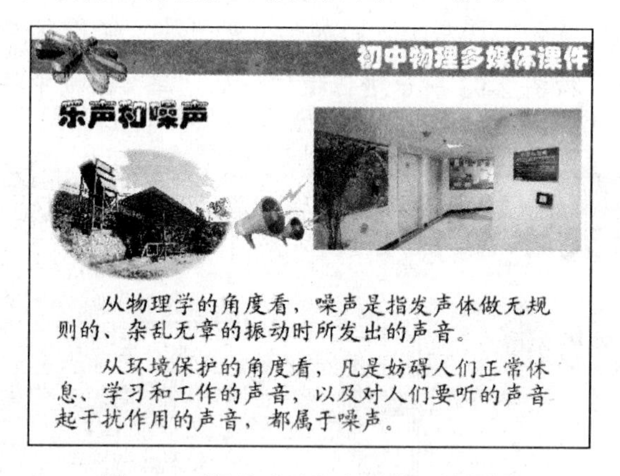

图 2-94　课件“乐声和噪声”效果图

在制作此课件时，需先导入课件中所要用到的图片素材，然后再输入一些表述性的文字，最后再设置声音。

跟我学

添加图片

先将课件要用到的所有图片都导入到“库”面板中，然后拖到舞台上，并适当地调整大小。

(1) **新建文档**　运行 Flash 软件，并新建一个 Flash 文档。

(2) **导入图像**　选择“文件”→“导入”→“导入到库”命令，按图 2-95 所示进行操作，导入图像到“库”面板。

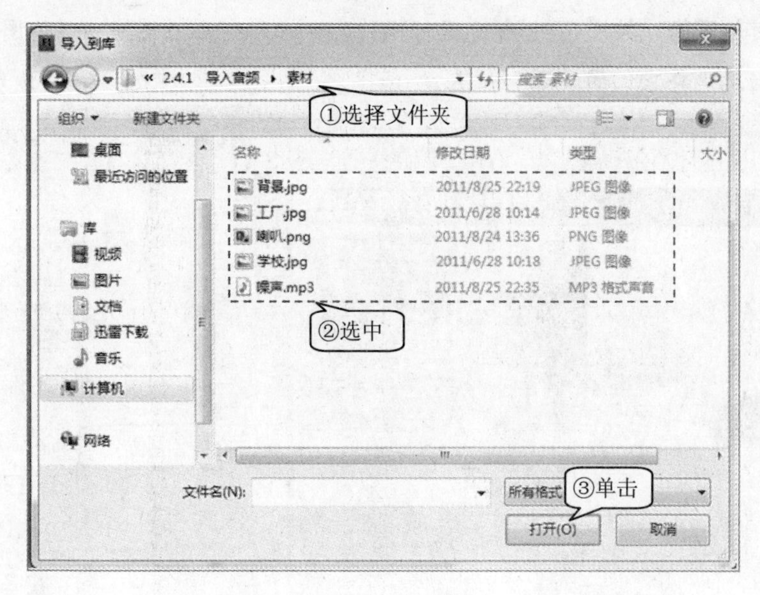

图 2-95　导入图像

(3) **拖动背景图像**　按图 2-96 所示进行操作，从“库”面板中拖入图像到舞台。

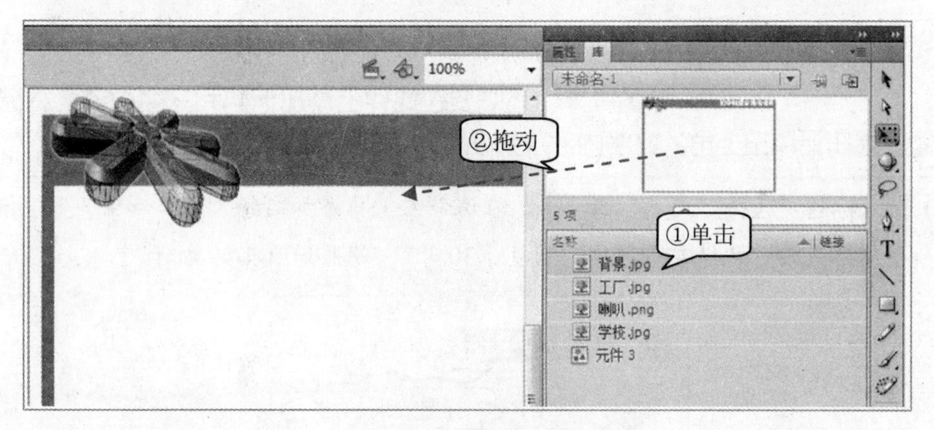

图 2-96　拖动背景图像

(4) **调整大小和位置**　按图 2-97 所示进行操作，调整舞台上背景图片的大小和位置，使其正好与舞台大小一致，位置正好在舞台中央。

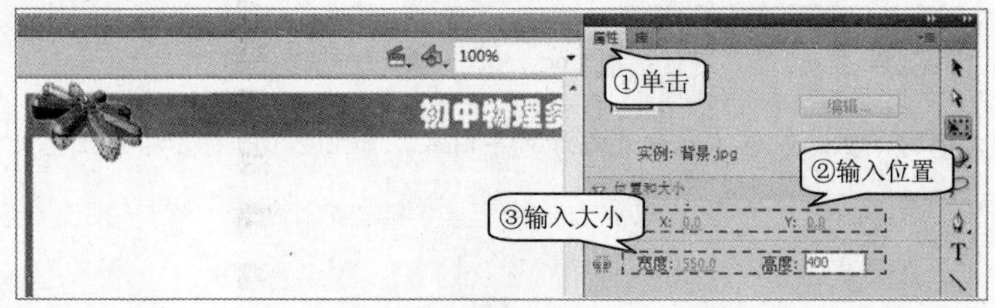

图 2-97　调整大小和位置

(5) **拖动其他图像** 按图 2-98 所示进行操作，从“库”面板中拖动其他图像到舞台，并适当地调整它们的大小和位置。

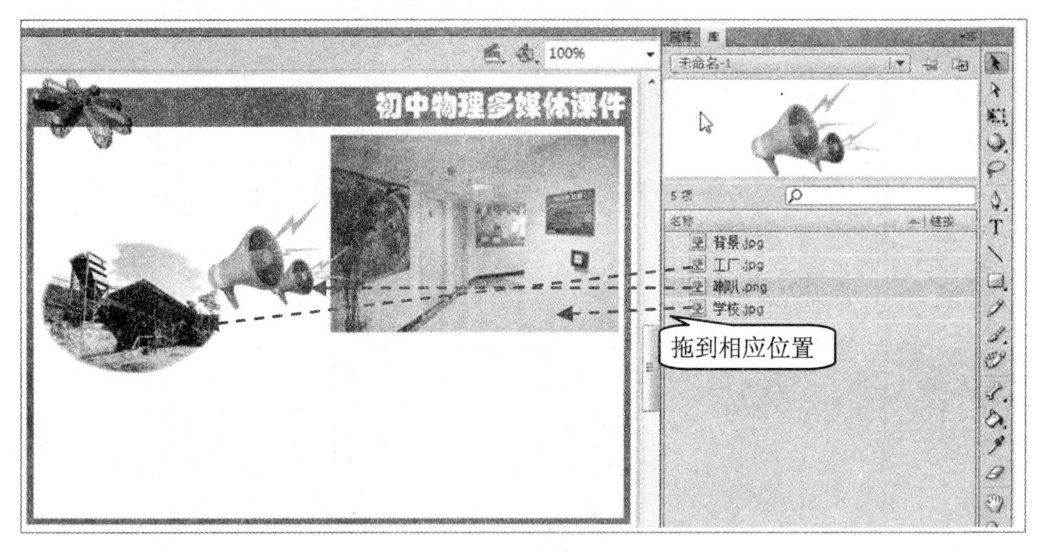

图 2-98 拖动其他图像到舞台

添加文字

除图片外，还需要在课件上添加标题和文字内容，将标题放置在课件左上角，文字内容放置在课件下方空白处。

(1) **输入标题** 选择“文本”工具T，在课件左上角添加文字“乐声和噪声”，并设置字体格式为“汉仪雪峰简体、蓝色、30 号”，效果如图 2-99 所示。

图 2-99 输入标题

(2) **输入内容** 在课件下方空白处添加文字内容，如图 2-100 标示格式设置文字。

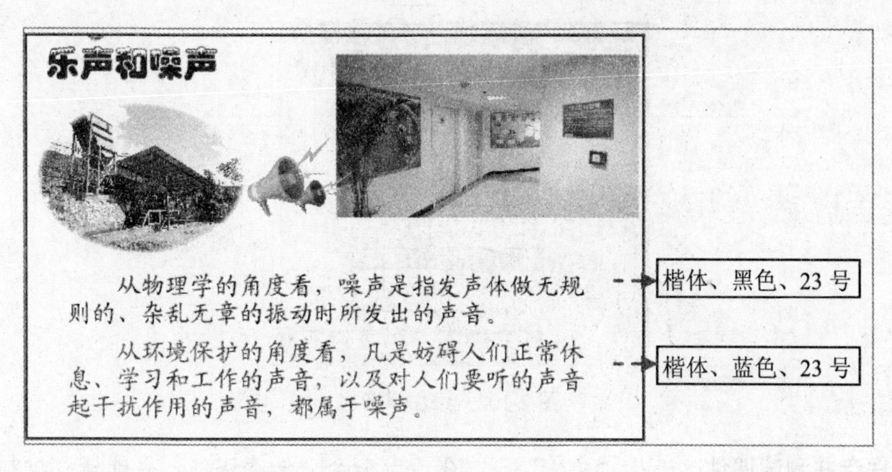

图 2-100 输入文字内容

添加声音

课件文字和图片部分制作完成后，再导入声音素材到“库”面板，然后将声音应用到时间轴即可。

(1) **导入声音** 选择“文件”→“导入”→“导入到库”命令，导入声音“噪声.wav”到“库”面板，“库”面板效果如图 2-101 所示。

图 2-101 导入声音

Flash 支持的声音格式有 adpcm、mp3、raw、wav 等。通常情况下，声音文件所占用的空间较大，因此，我们在制作课件时应注意压缩声音文件。

(2) **添加声音** 单击“图层 1”的第 1 帧，按图 2-102 所示进行操作，在图层上添加声音。

图 2-102　添加声音

(3) **保存并测试课件**　选择“文件”→“保存”命令，保存课件，再选择“控制”→“测试影片”命令，播放并测试课件。

2.4.2　编辑音频

在课件中添加完声音之后，通常还需根据课件运行的实际情况进行编辑和调整。控制声音的方法是利用“声音”属性面板，为声音添加一些效果，如淡入、淡出以及左右声道切换等，还可单击属性面板中的“编辑”按钮，用手工的方式来编辑声音。

实例 9　荷花

课件“荷花”是小学《语文》(第三册)人教版教材的教学内容。本实例主要介绍利用 Flash 软件简单地编辑声音素材，效果如图 2-103 所示。

图 2-103　“荷花”效果图

在制作此课件时，先打开半成品课件文件，课件“库”面板中已经存放有制作好的文字动画，在制作作品时可以直接使用。最后将导入的音频素材应用到时间轴并进行适当的编辑。

制作“内容”图层

“内容”图层包括一些图片素材和已经制作好的影片剪辑元件“字幕”，将这些素材应用到时间轴即可。

(1) **新建文档**　运行 Flash 软件，并新建一个 Flash 文档。

(2) **更改图层名称**　双击“图层 1”，修改图层名称为“内容”。

(3) **导入素材**　选择“文件”→“导入”→“导入到库”命令，按图 2-104 所示进行操作，导入素材到“库”面板。

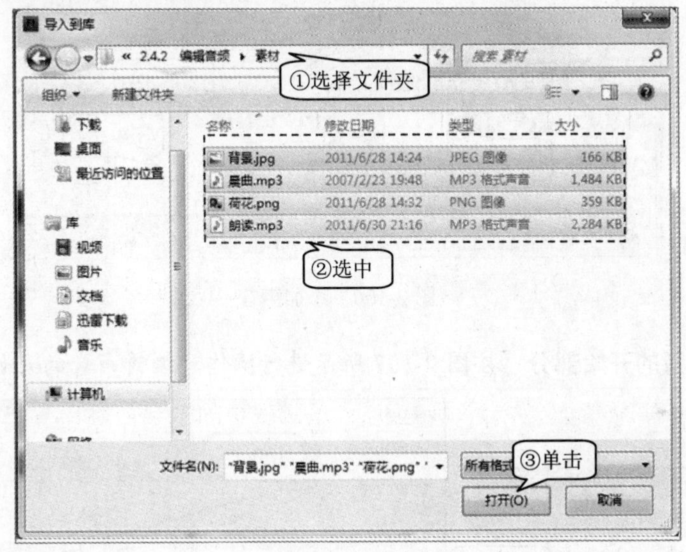

图 2-104　导入素材

(4) **制作背景**　从“库”面板中拖动图片元件“背景.jpg”到舞台，并设置图片坐标为“X：0.0，Y：0.0”，图片大小为“宽度：550.0，高度：400.0”。

(5) **拖动荷花图片**　从“库”面板中将图片素材“荷花.png”拖到舞台，调整大小后放置在舞台背景图片左侧，效果如图 2-103 所示。

(6) **拖动字幕元件**　从“库”面板中将影片剪辑素材“字幕”拖到舞台，放置在舞台背景图片右侧，效果如图 2-103 所示。

制作“音频”图层

添加一个单独的图层用来存放音乐，再通过“属性”面板添加音乐并对音乐进行简单的编辑。

(1) **添加图层**　按图 2-105 所示进行操作，添加一个新图层并命名为“音频”。

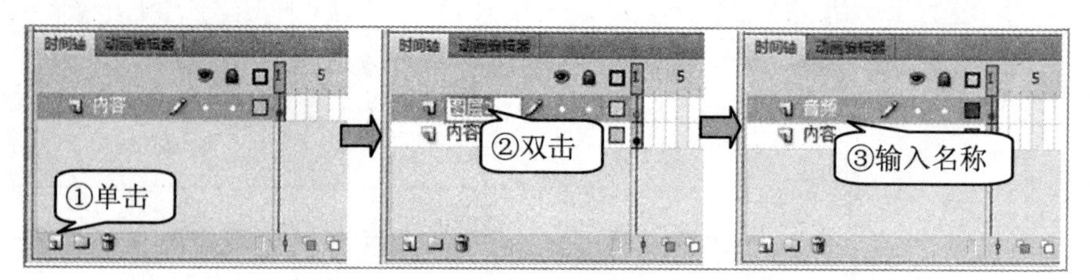

图 2-105　添加图层

(2) **添加声音**　按图 2-106 所示进行操作，为“音频”图层添加声音。

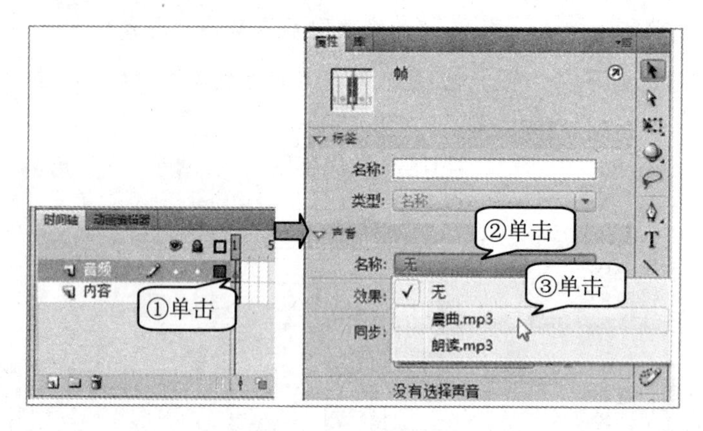

图 2-106　添加声音

(3) **编辑声音的开始部分**　按图 2-107 所示进行操作，编辑声音的开始部分。

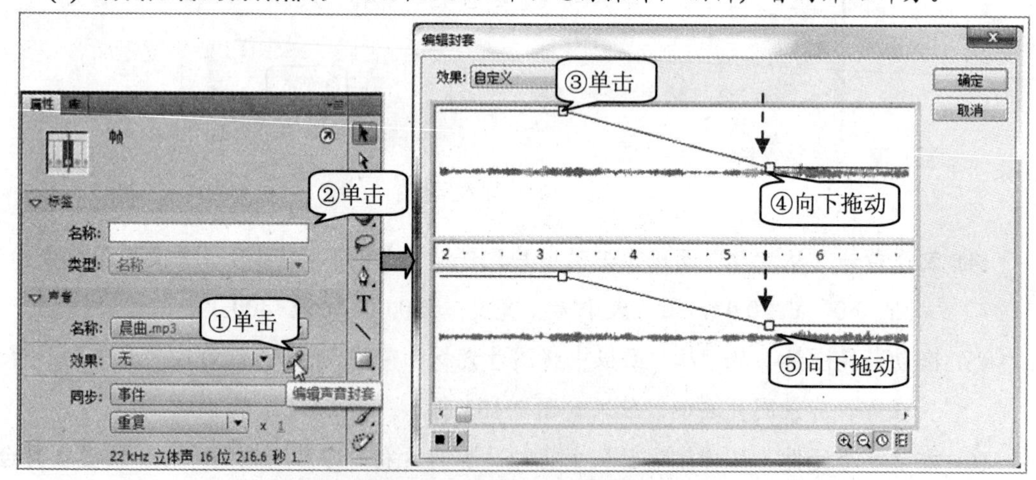

图 2-107　编辑声音的开始部分

(4) **编辑声音的结尾部分**　按图 2-108 所示进行操作，编辑声音的结尾部分。

(5) **保存并测试课件**　选择“文件”→“保存”命令，保存课件，再选择“控制”→“测试影片”命令，播放并测试课件。

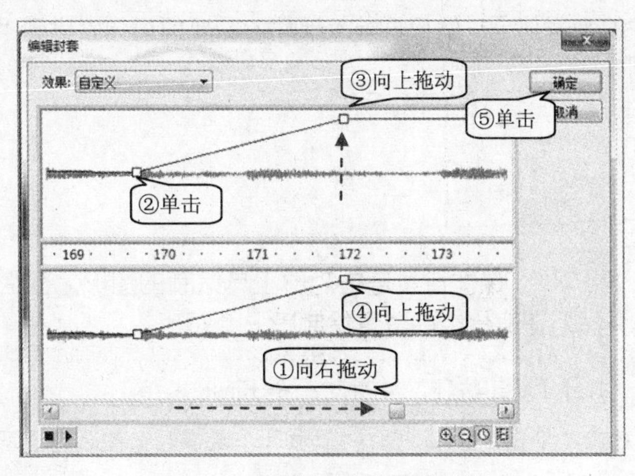

图 2-108　编辑声音的结尾部分

2.5　添加视频

视频在多媒体 CAI 课件中是经常要用到的，它可以将一些现象直观地反映出来，效果逼真。在制作多媒体课件时，有些生活现象用视频来体现就是一种很好的表现方式。

2.5.1　导入视频

将视频导入到舞台后，会自动延长时间轴，因此在制作含有视频的课件时，需要先添加一个影片剪辑元件，然后再将视频导入到元件中。

实例 10　铁的性质

课件“铁的性质”是九年级初中《化学》人教版教材的教学内容。本实例主要介绍在 Flash 软件中导入并使用视频，效果如图 2-109 所示。

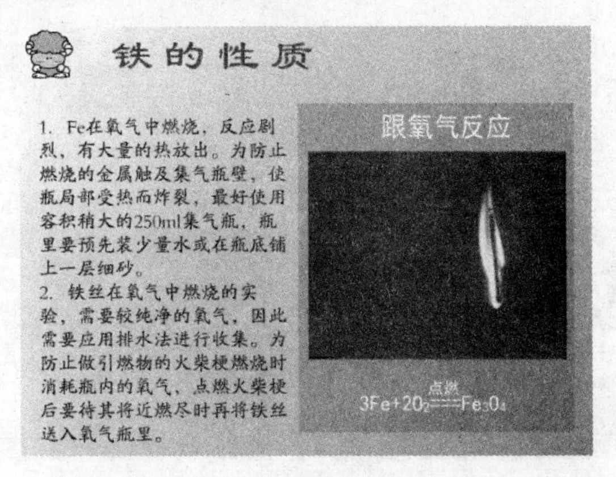

图 2-109　课件“铁的性质”效果图

先制作好课件的文字部分，然后再导入课件所需要的视频素材到“库”面板中，最后将视频文件应用到舞台。

跟我学

绘制背景

课件背景是由矩形工具绘制的图形，在绘制之前先选择好填充颜色，然后在舞台空白位置绘制出一个矩形。

(1) **新建文档** 打开 Flash 软件，并新建一个 Flash 文档。

(2) **选择填充方式** 单击工具箱中的“矩形”工具，再选择“窗口”→“颜色”命令，打开“颜色”面板，按图 2-110 所示进行操作，设置矩形的填充效果为“线性”。

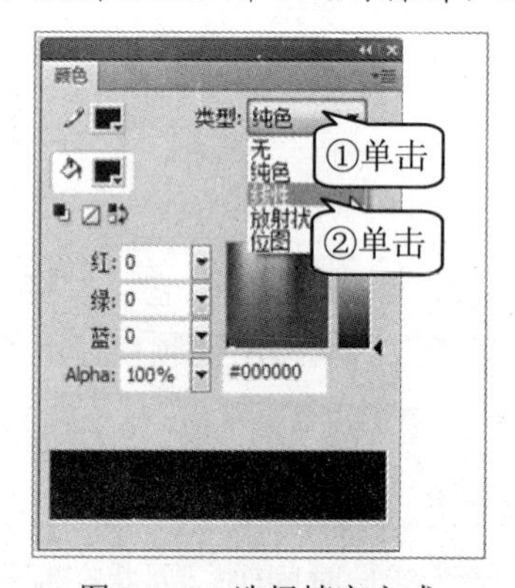

图 2-110 选择填充方式

(3) **设置颜色** 按图 2-111 所示进行操作，设置填充颜色。

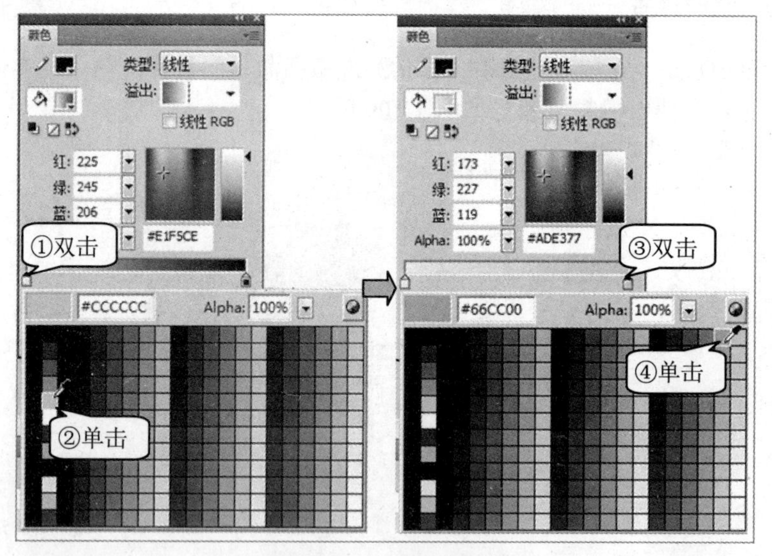

图 2-111 设置填充颜色

(4) **绘制背景**　在舞台空白区域绘制一个具有过渡效果的背景，效果如图 2-112 所示。

图 2-112　背景效果

(5) **绘制矩形**　按图 2-113 所示进行操作，在舞台右侧绘制一个蓝色半透明的矩形。

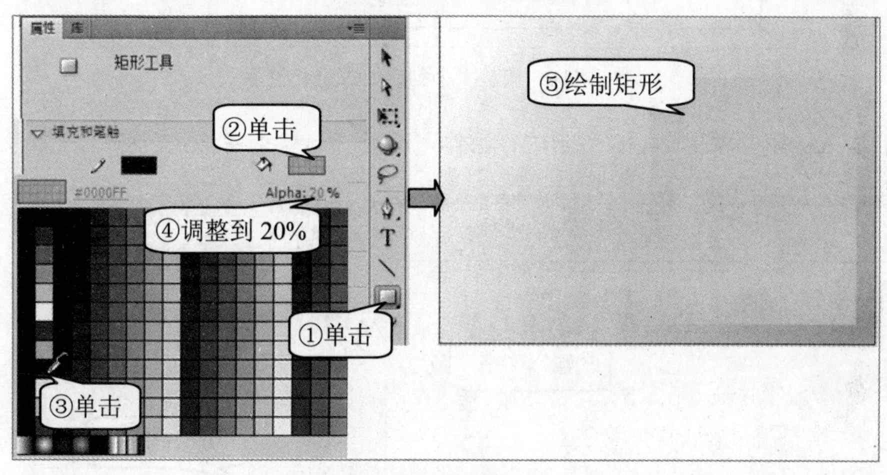

图 2-113　绘制矩形

制作内容

先导入一个小图标放在舞台左上角，然后再输入课件文字，并设置好文字格式。

(1) **导入图标**　选择“文件”→“导入”→“导入到舞台”命令，将图像“小狗.gif”导入到舞台。

(2) **调整大小和位置**　单击工具箱中的“任意变形”工具，按图 2-114 所示进行操作，适当调整图像“小狗”的大小和位置。

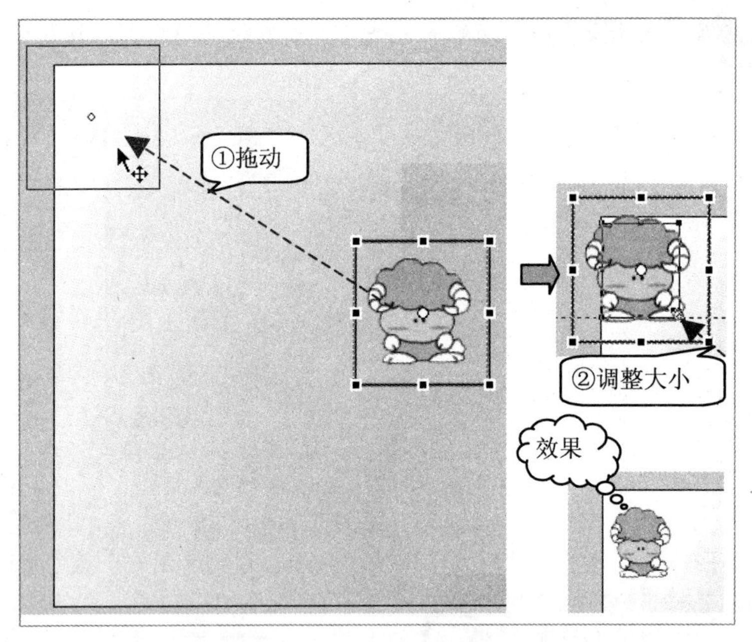

图 2-114 调整“小狗”的大小和位置

(3) **输入标题** 按图 2-115 所示进行操作，设置好标题文字格式，并输入标题文字。

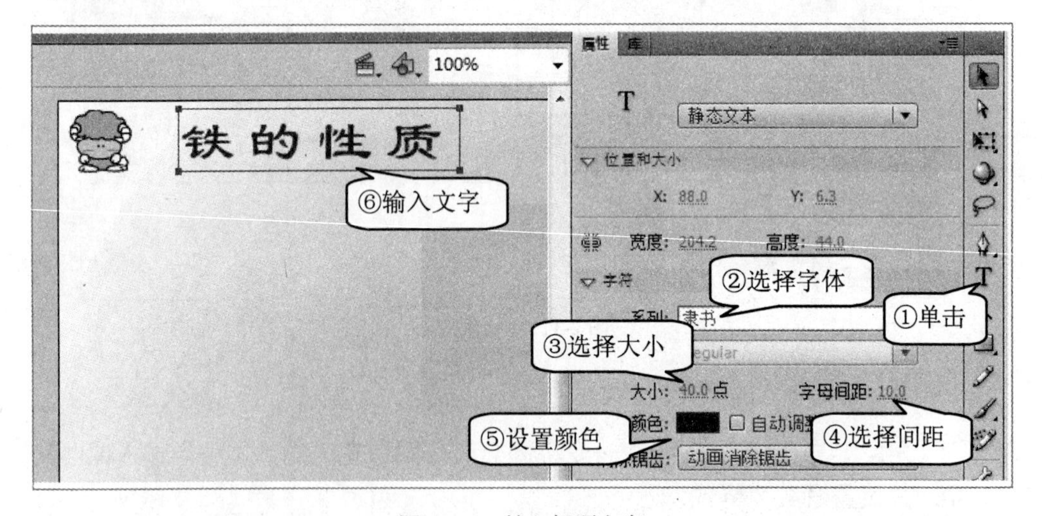

图 2-115 输入标题文字

(4) **输入内容文字** 设置好文字格式为“楷体、18 点、蓝色”，并输入文字，效果如图 2-116 所示。

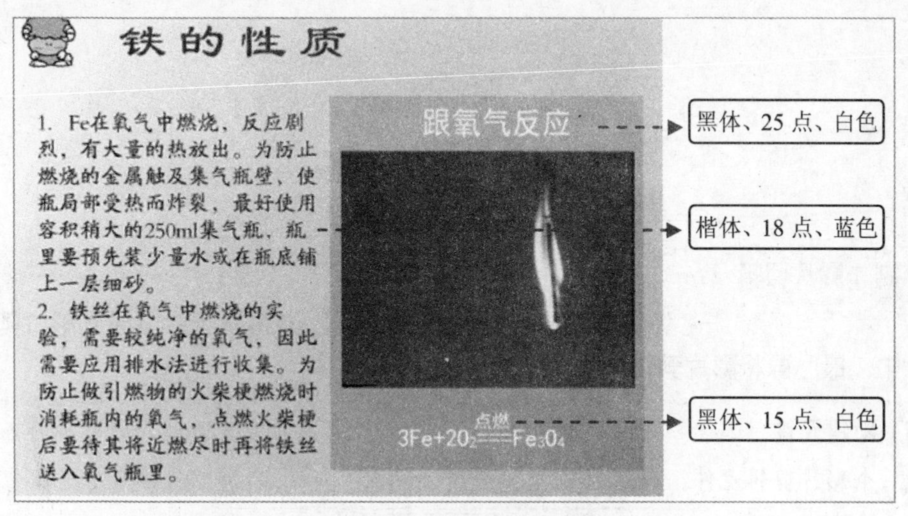

图 2-116　输入内容文字

(5) **输入化学反应式**　按图 2-117 所示进行操作，在“点燃”文字下方输入化学反应式。

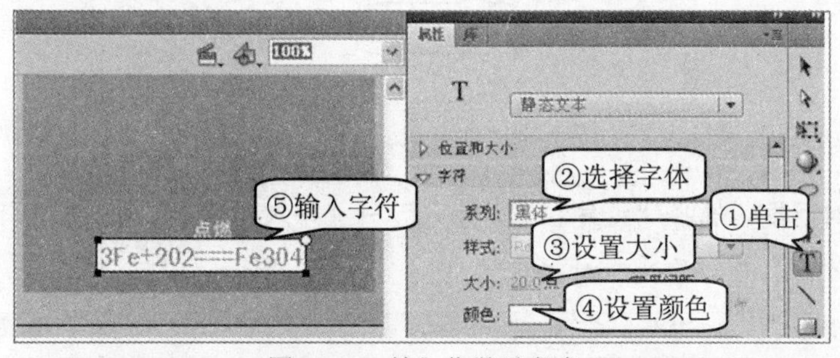

图 2-117　输入化学反应式

(6) **设置字符下标**　按图 2-118 所示进行操作，将“O”后面的“2”设置为下标。

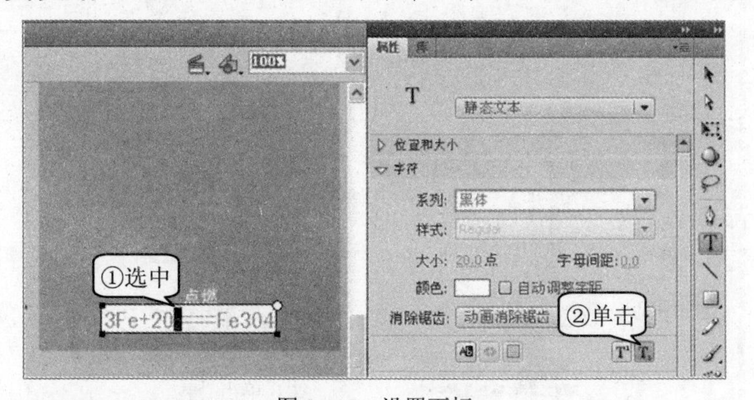

图 2-118　设置下标

(7) **设置其他字符下标**　参照图 2-118 所示的操作方法，将“Fe3O4”中的“3”和“4”设置为下标，效果如图 2-119 所示。

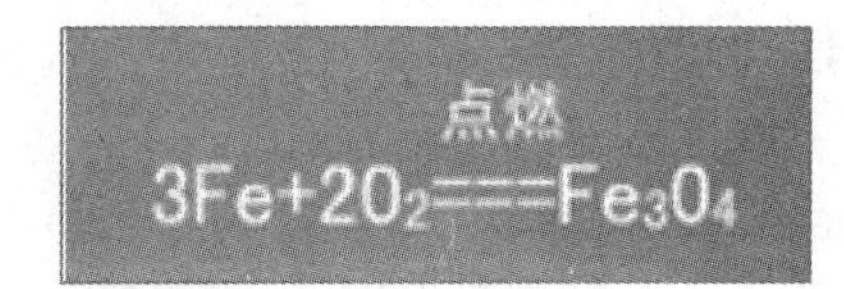

图 2-119　设置下标

制作影片剪辑

先添加一个影片剪辑，然后再将视频片段导到影片剪辑中，最后再将影片剪辑拖到舞台。

(1) **新建元件**　选择“插入”→“新建元件”命令，按图 2-120 所示进行操作，新建一个影片剪辑元件。

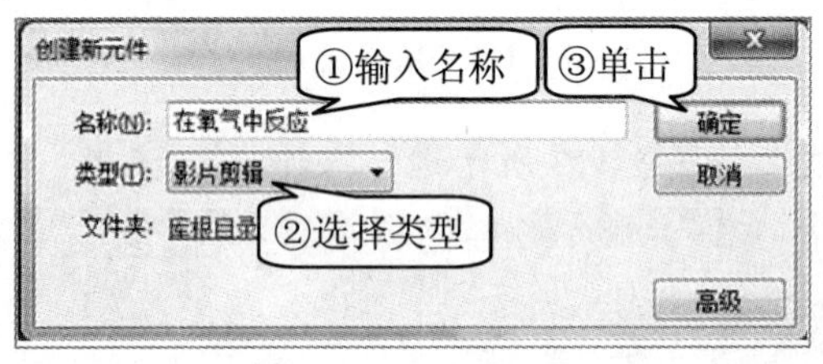

图 2-120　新建元件

(2) **打开对话框**　选择“文件”→“导入”→“导入到舞台”命令，按图 2-121 所示进行操作，打开“导入”对话框。

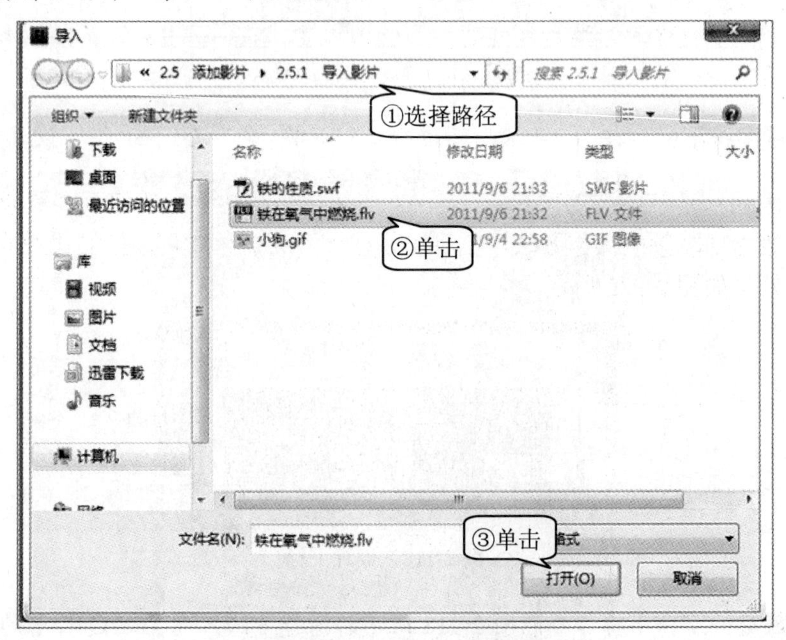

图 2-121　“导入”对话框

(3) **导入视频**　按图 2-122 所示进行操作，根据向导导入视频到舞台。

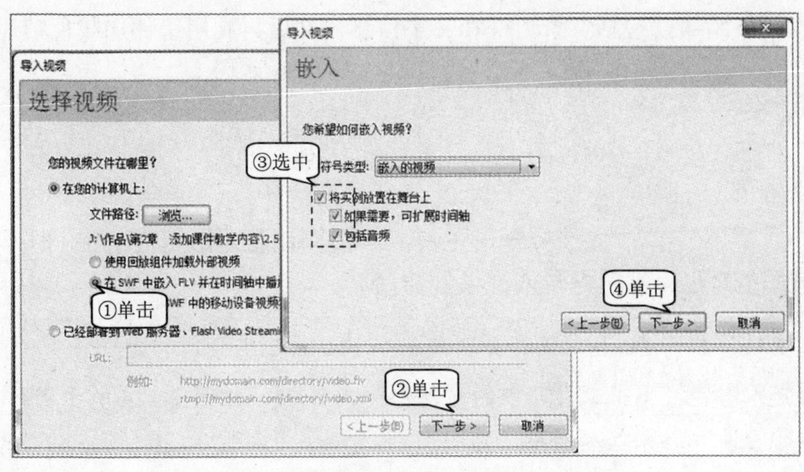

图 2-122　导入视频

(4) **返回场景 1**　单击舞台上方“场景 1”按钮，返回“场景 1”的舞台。

(5) **完成课件**　从“库”面板中将影片剪辑元件“在氧气中反应”拖到舞台右侧，并适当调整其大小，效果如图 1-109 所示。

(6) **保存并测试课件**　选择“文件”→“保存”命令，保存课件，再选择“控制”→“测试影片”命令，播放并测试课件。

2.5.2　编辑视频

导到舞台中的视频，当演示课件时，这些视频在默认情况下会进行自动播放，不能人为控制，本节所制作的课件中的视频能够任意地控制其播放进度。

实例 11　压强

课件“压强”是初中《物理》(第一册)教材中的教学内容。本实例主要介绍利用“回放组件”加载外部视频的操作方法，使得视频在 Flash 软件中可以控制其播放或者暂停等操作，课件效果如图 2-123 所示。

图 2-123　课件“压强”效果图

首先制作课件背景，包括背景边框和文字信息，然后再利用组件加载视频片段。

绘制背景

先选择矩形工具，再适当调整矩形属性，绘制出一个下侧为圆角的矩形，然后再导入视频到舞台。

(1) **新建文档** 打开 Flash 软件，并新建一个 Flash 文档。

(2) **选择矩形颜色** 单击工具箱中的“矩形”工具，按图 2-124 所示进行操作，设置矩形属性并绘制一个矩形。

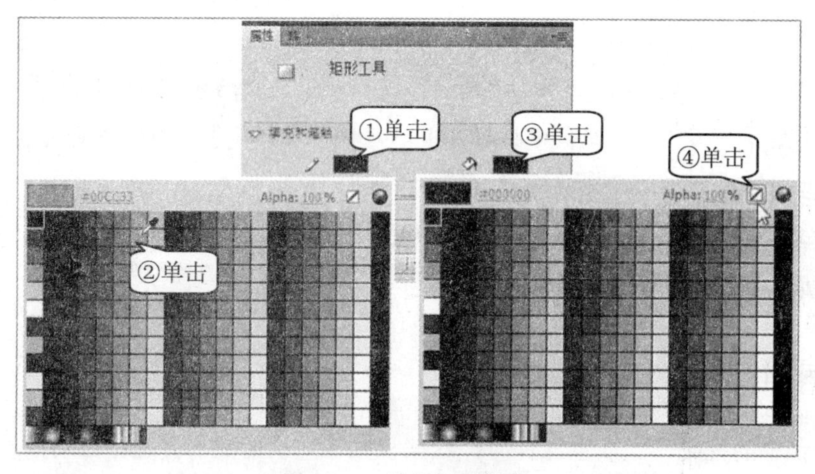

图 2-124 选择矩形颜色

(3) **绘制矩形** 按图 2-125 所示进行操作，在舞台绘制一个矩形。

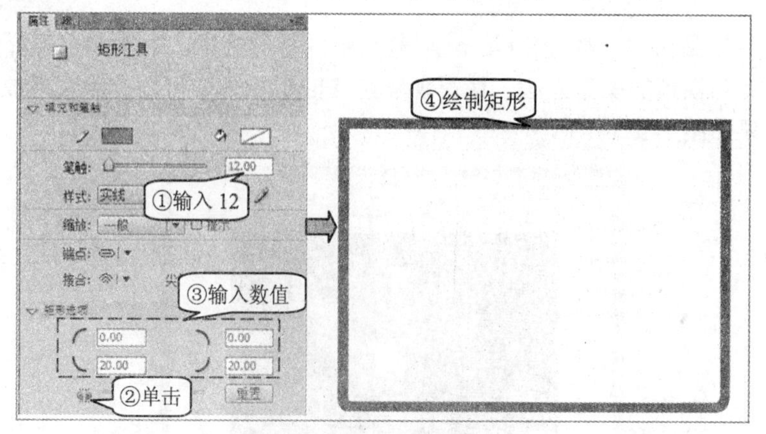

图 2-125 绘制矩形

(4) **删除部分边框** 单击“选择”工具，按图 2-126 所示进行操作，在矩形边框右下角删除部分边线形成一个缺口，在缺口处输入文字。

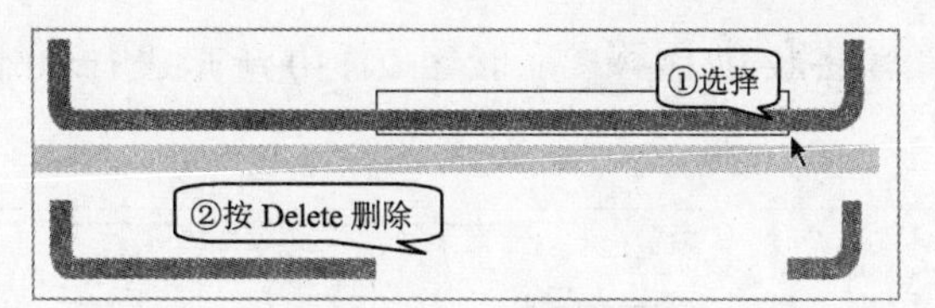

图 2-126　删除边框

输入文字

在课件顶端输入标题，然后在右下角输入授课人信息，并设置相应的字体格式。

(1) **输入标题**　在课件上方输入课件标题“压强”，并设置为“华文新魏、60 点、红色”，效果如图 2-127 所示。

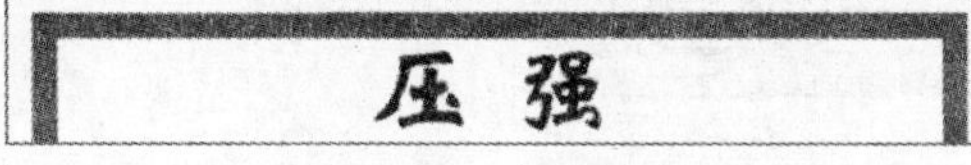

图 2-127　标题文字

(2) **输入授课人信息**　在课件边框右下角空白位置输入授课人信息“授课人 何立松”，并设置为“华文新魏、20 点、蓝色”，效果如图 2-128 所示。

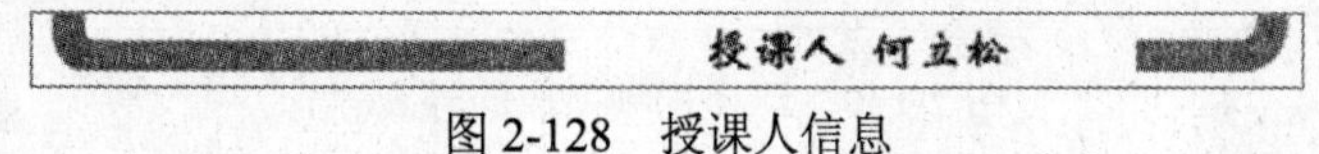

图 2-128　授课人信息

添加视频

将存放于素材文件夹中的视频文件，导到 Flash 中，利用回放组件形式进行播放。

(1) **导入视频**　选择“文件”→“导入”→“导入视频”命令，按图 2-129 所示进行操作，导入视频文件。

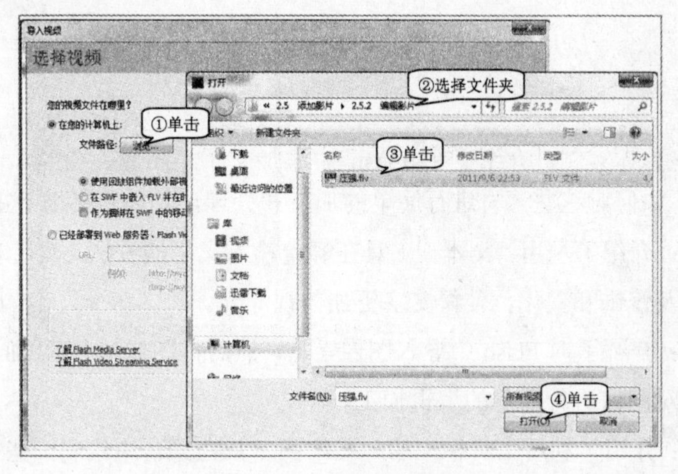

图 2-129　导入视频文件

(2) **选择播放外观** 单击按钮 下一步 >，按图 2-130 所示进行操作，选择视频播放的外观。

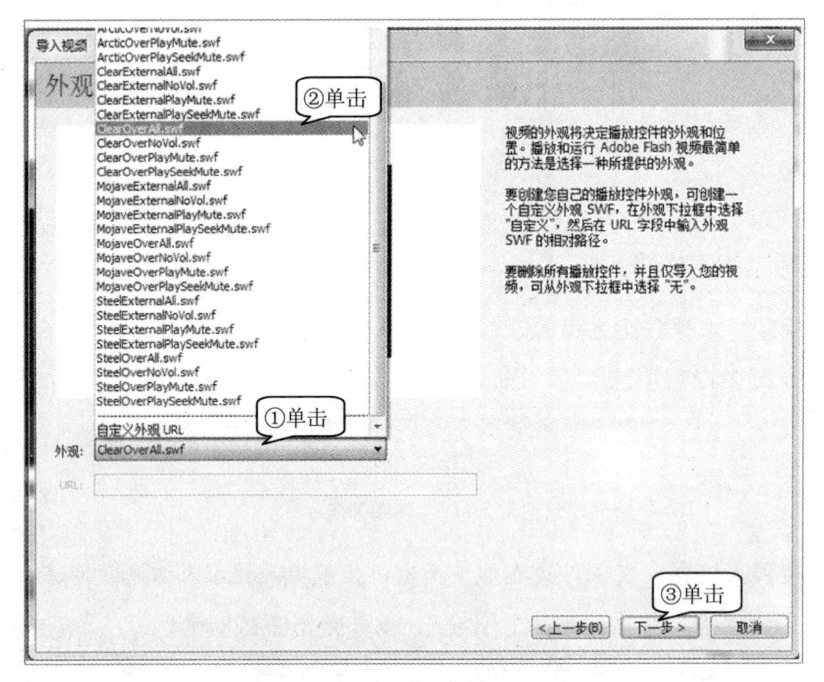

图 2-130 选择视频播放的外观

(3) **完成导入** 单击 完成 按钮，完成视频的导入操作。

(4) **保存并测试课件** 选择“文件”→“保存”命令，保存课件，再选择“控制”→“测试影片”命令，播放并测试课件。

2.6 小结和习题

2.6.1 小结

本章通过一些具体实例，介绍了在 Flash 中添加文字、图像、图形、音频和视频等操作，进一步学习了如何对这些素材进行简单的加工和处理，具体包括以下主要内容：

- **添加文字**：介绍了利用“文本”工具在舞台输入文字的方法，然后对文字格式进行设置，以及修饰和美化，使得文字更加美观漂亮。
- **添加图像**：介绍了向 Flash 中导入图像素材，然后将图像从“库”面板应用到舞台，并学习了对图像进行简单的编辑加工。
- **添加图形**：介绍了利用工具栏上的一些绘图工具在舞台中绘制一些矢量图形，然后对图形进行适当的调整和修饰。

- **添加音频**：介绍了将外部的音频素材导到“库”面板中，再利用编辑工具对音频进行编辑。
- **添加视频**：视频素材也是 Flash 中一种重要的课件资源，介绍了向 Flash 中导入视频，并对视频的输出外观进行设置。

2.6.2 习题

一、选择题

1．在“图层”面板中，按钮用于(　　)；按钮用于(　　)；按钮用于(　　)。

A. 删除选中的图层　　B. 新建图层文件夹

C. 新建引导层　　D. 新建普通层

2．选择(　　)菜单中“变形”下的“缩放与旋转”菜单命令，可以放大或缩小对象。

A. 修改　　B. 插入　　C. 编辑　　D. 查看

3．在“编辑封套”对话框中，系统允许添加(　　)个控制柄。

A. 7　　B. 8　　C. 9　　D. 10

4．下列声音文件中，不能被 Flash 应用的是(　　)。

A. .wav　　B. .mp3　　C. .asf　　D. .mid

5．以下(　　)工具可用于选取对象。

A. 箭头　　B. 椭圆　　C. 任意变形　　D. 橡皮擦

6．如果希望将绘制的对象作为一个整体(包括边线和填充区)，可以在选中所有对象后按(　　)键。

A. Ctrl＋A　　B. Ctrl＋B　　C. Ctrl＋C　　D. Ctrl＋D

二、判断题

1．在 Flash 中，“颜料桶”工具主要用于对某一区域进行填充。　　(　　)

2．使用“椭圆”工具不能绘制出圆。　　(　　)

3．如果导入的图像文件名是以数字结尾的，Flash 会自动识别为图像序列，并提示是否导入图像序列。　　(　　)

4．在按钮的 4 种帧状态中，用户可对这 4 种帧状态完全定义，也可只定义一部分，但一些基本的帧必须定义。　　(　　)

5．在 Flash 中，声音都被保存在“库”面板中。　　(　　)

6．在应用任意变形工具时，按住 Alt 键再拖动 4 个角的控制点可沿中心点规则地改变对象的大小。　　(　　)

第 3 章

制作动画型课件

动画在课件中会经常被用到，它能将一些抽象的原理、难以说清的现象和道理，以动画的效果直观清晰地表现出来，有效地帮助学生理解课堂教学中的重点和难点。Flash 常用的两种动画为“基本动画”和“图层动画”，其中“基本动画”包括“逐帧动画”、“运动动画”和“变形动画”；“图层动画”包括“引导动画”和“遮罩动画”。

本章内容：

- 制作逐帧动画、运动动画和变形动画课件
- 制作引导动画和遮罩动画课件

3.1 制作逐帧动画、运动动画和变形动画课件

Flash 中的基本动画包括“逐帧动画”、“运动动画”和“变形动画”，这 3 种动画运用于课件中的不同场合，能够使用我们制作的课件更生动。

3.1.1 制作逐帧动画课件

逐帧动画是指在每个帧上都有关键性变化的动画，它由许多单个的关键帧组合而成，当连续播放很多帧时，就形成了动画。逐帧动画适合制作相邻关键帧中对象变化不大的动画。

实例 1 做功

本例对应初中九年级《物理》内容，课件运行界面如图 3-1 所示。课件中两个木箱分别在一个光滑的地面和一个不光滑的地面上被推动，在推动的过程中，所做的功不同。文字逐个以打字的形式显示出来，此类动画可用于增强课件中文字显示的动感效果。

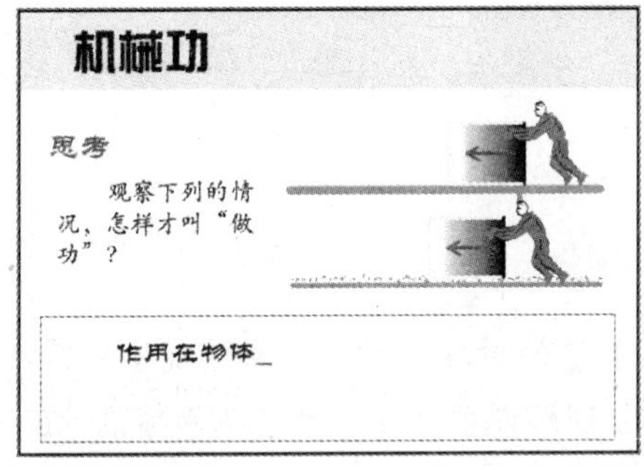

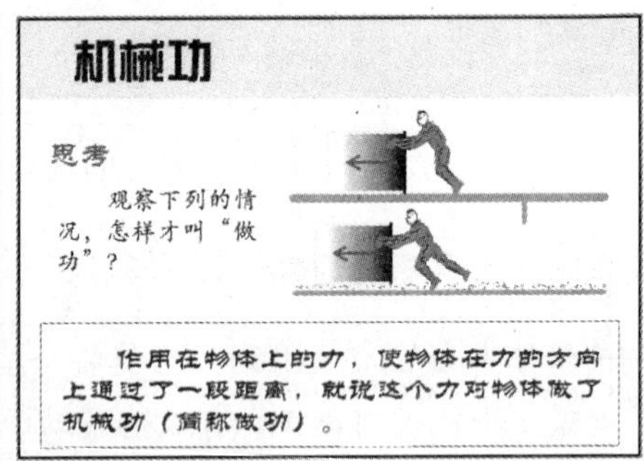

图 3-1 课件“做功”的效果图

在课件半成品的基础上添加图层，先制作好课件背景中所要用到的图片，然后再制作文字逐个显示的逐帧动画，最后添加声音效果。

跟我学

制作背景图层

背景图层包括标题文字、思考题文字和一个图形对象，制作时可以利用文本工具软件，并从“库”面板中拖动元件“水平面”到舞台。

(1) **输入标题** 打开半成品课件“做功.fla”，按图 3-2 所示进行操作，输入标题文字并设置字体格式。

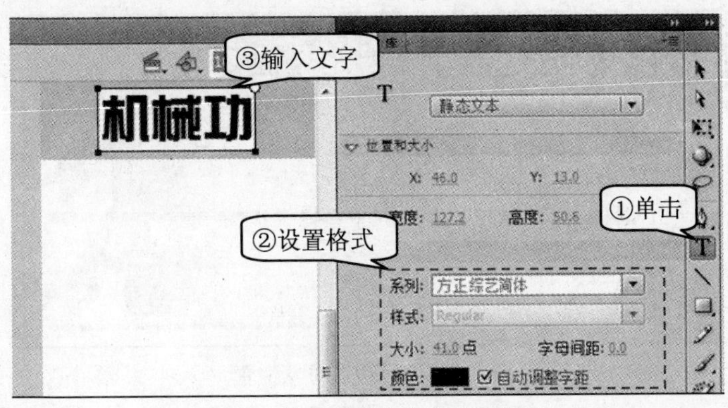

图 3-2　输入标题文字并设置格式

(2) **输入思考题**　继续在舞台中输入思考题相关文字，参照图 3-3 所示进行操作，设置文字格式。

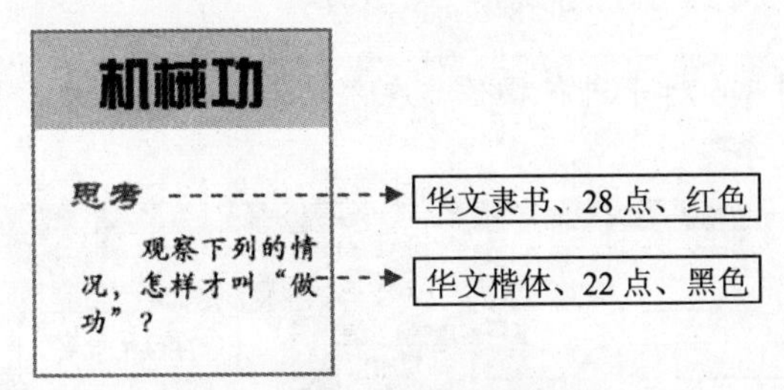

图 3-3　输入思考题并设置格式

(3) **拖动“水平面”元件**　按图 3-4 所示进行操作，将“库”面板中的元件“水平面”拖到舞台适当位置。

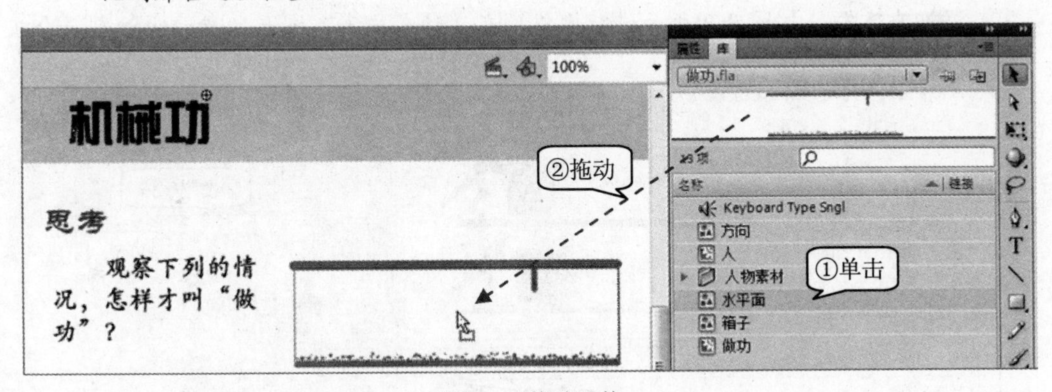

图 3-4　拖动元件

(4) **拖动“做功”元件**　按图 3-4 所示进行操作，将“库”面板中的元件“做功”拖到舞台，效果如图 3-5 所示。

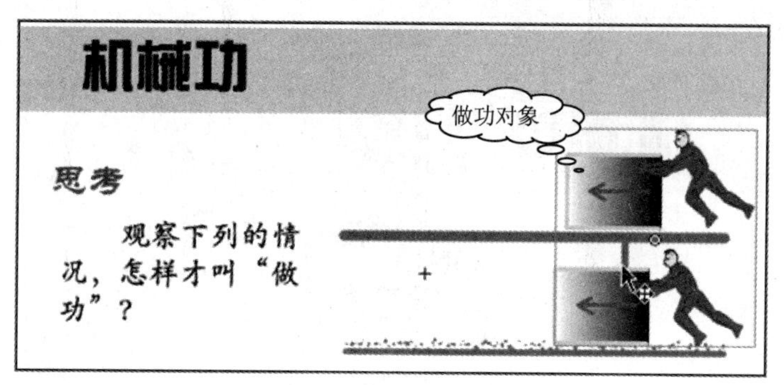

图 3-5　“做功”对象位置

制作动态文字

动态文字是将文字逐个地在舞台上显示出来，在制作时，可以采用每帧显示一个文字的方式。

(1) **添加图层**　按图 3-6 所示进行操作，在“背景”图层上方添加一个新图层，并重新命名为“动态文字”。

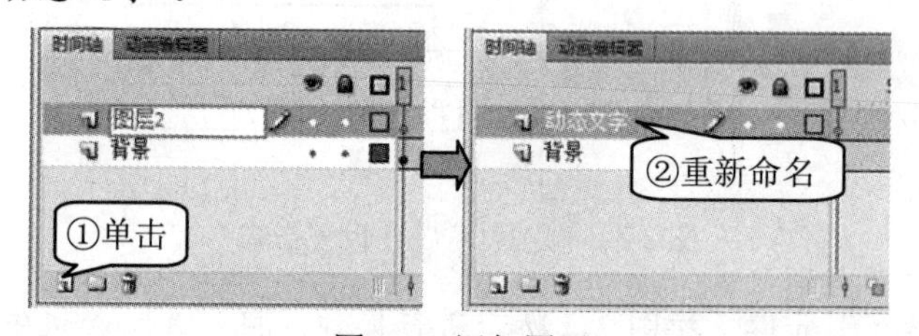

图 3-6　添加图层

(2) **添加文本框**　按图 3-7 所示进行操作，在“动态文字”图层的舞台上绘制一个文本框。

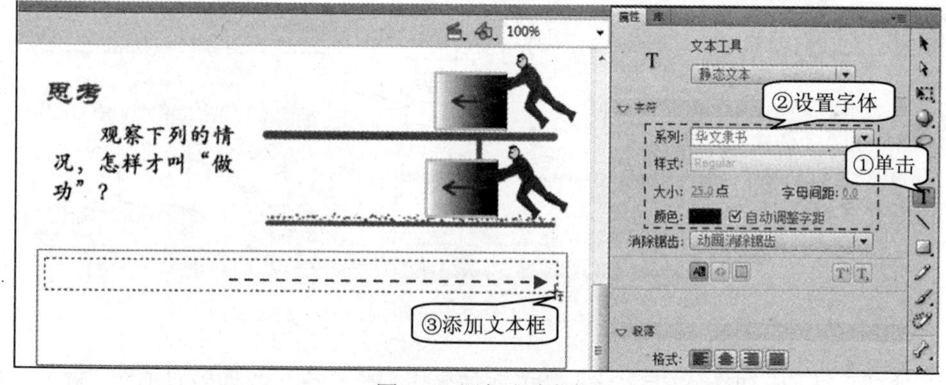

图 3-7　添加文本框

(3) **添加下划线**　按图 3-8 所示进行操作，在文本框内添加两个空格，然后再输入一条下划线。

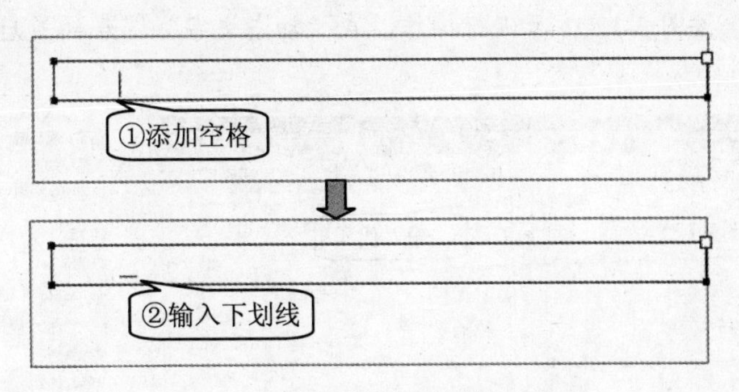

图 3-8　添加下划线

(4) **添加关键帧**　按图 3-9 所示进行操作，在“动态文字”图层的第 2 帧上添加一个关键帧。

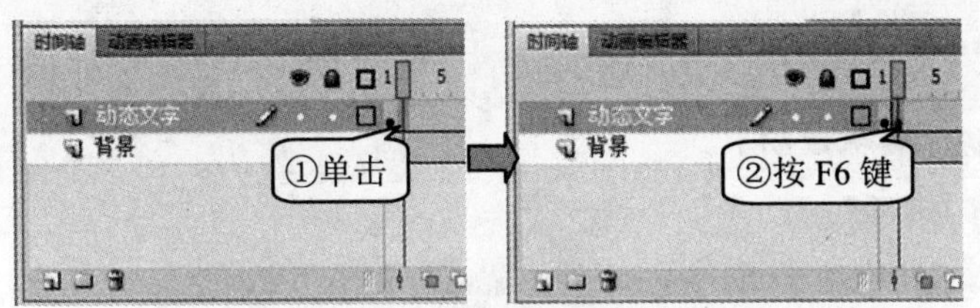

图 3-9　添加关键帧

(5) **输入第 1 个字**　按图 3-10 所示进行操作，在下划线的前面输入第 1 个字“作”。

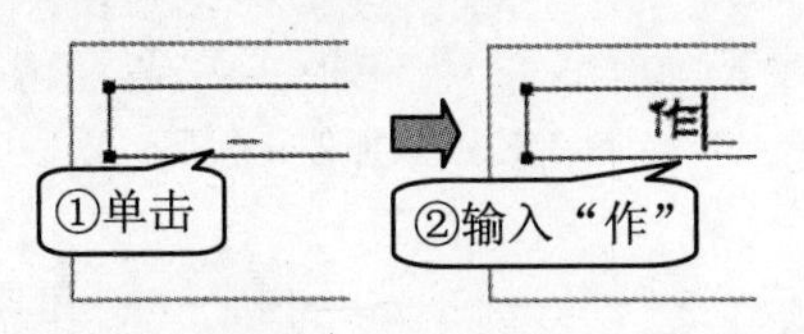

图 3-10　输入文字

(6) **输入第 2 个字**　在“动态文字”图层的第 3 帧添加一个关键帧，并在下划线“—”的前面输入第 2 个字“用”。

(7) **输入其他字**　重复步骤(6)，每添加一个关键帧，在下划线“—”的前面添加一个汉字或者标点符号，最终时间轴和舞台效果如图 3-11 所示。

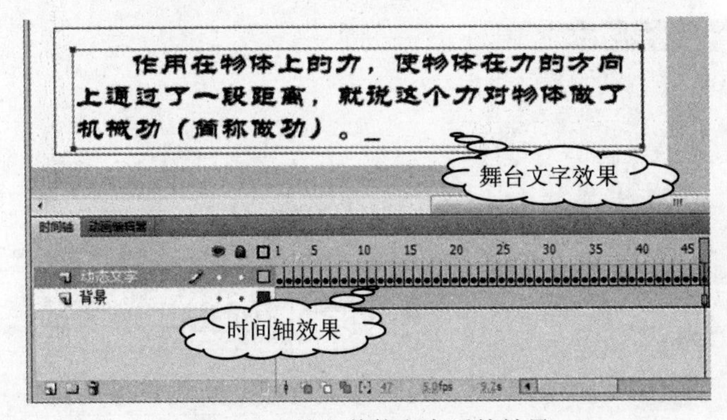

图 3-11　输入其他文字后的效果

(8) **添加代码** 按图 3-12 所示进行操作，在“动态文字”图层的最后一帧添加停止代码“stop( );”。

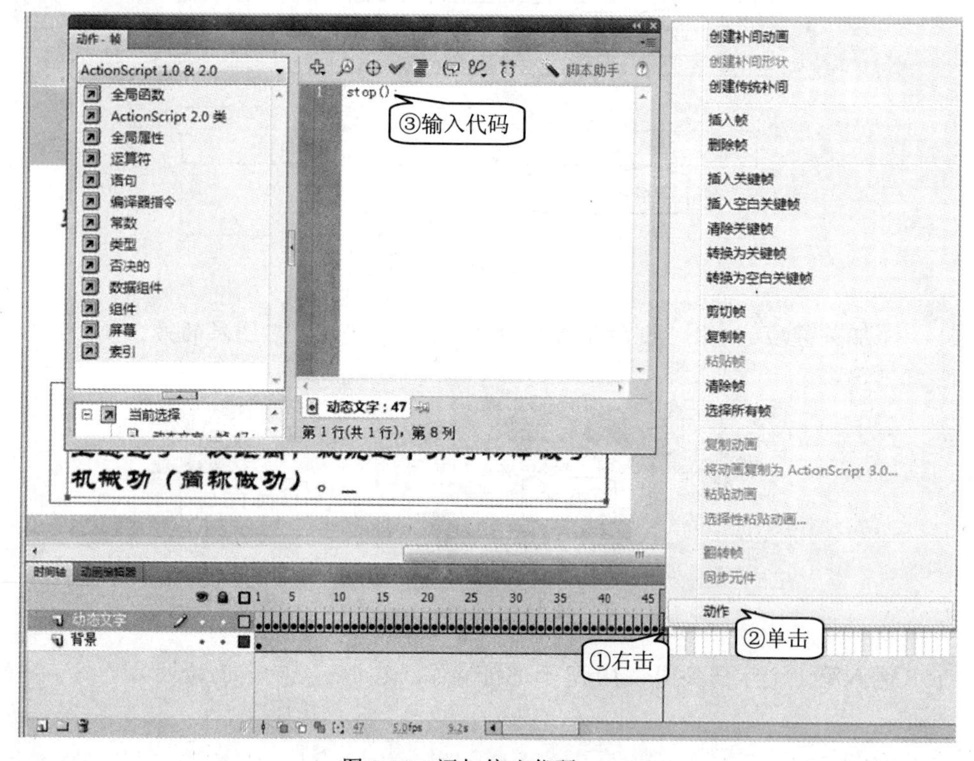

图 3-12 添加停止代码

制作“音乐”图层

在“声音”图层添加一些声音效果，让动态文字在出现时配上打字的声音，这样会使课件更生动。

(1) **添加图层** 在“动态文字”图层上方添加一个新图层，并重新命名为“音乐”。

(2) **添加声音** 单击“声音”图层的第 1 帧，按图 3-13 所示进行操作，给图层添加声音效果。

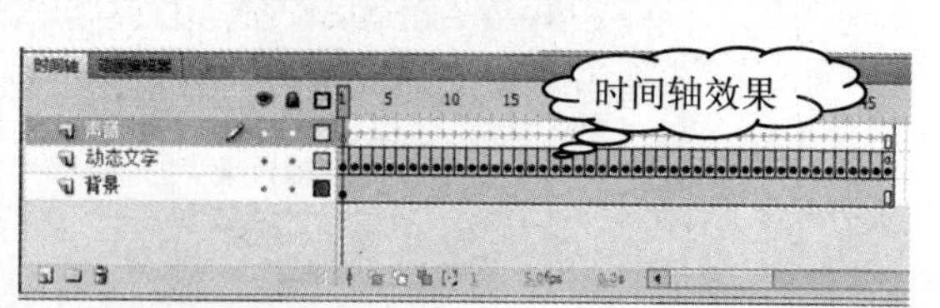

图 3-13 添加声音效果

(3) **保存并测试课件**　选择“文件”→“保存”命令，保存课件，再选择“控制”→“测试影片”命令，播放并测试课件。

1. 制作文字动画的其他方法

- 在舞台输入要设置动画的全部文字，然后按 F6 键新建一个关键帧，将最后一个字删除。
- 继续添加关键帧，并将最后一个字删除，如此反复，直到将全部文字删除。
- 选择所有关键帧，单击右键，选择“翻转帧”命令，将这些帧颠倒排列，使帧的播放顺序与原来删除文字的方向相反，这样也能实现文字逐个显示的打字动画效果。

2. 帧的速度

帧的速度是指动画播放的速度，帧速的单位是 fps(帧/秒)，即每秒钟播放的帧数。帧速决定了动画播放的连贯性，帧速太慢，就会明显感觉动画播放时的停顿；帧数太快，就会忽略动画的部分细节。

3.1.2　制作运动动画课件

运动渐变动画是指制作好若干关键帧的画面，由 Flash 自动生成中间各帧，使得画面从一个关键帧渐变到另一个关键帧的动画。在渐变动画中，Flash 存储的仅是帧之间的改变值，中间的动画由计算机自动处理。

实例 2　运动和静止的相对性

本例对应八年级《物理》中的一节内容，课件运行界面如图 3-14 所示。该课件中一只小船在水面上从左到右运动，船上两人相对是静止的，而船与岸边的树则是相对运动的，用其来描述运动和静止的相对性。

图 3-14　课件“运动和静止的相对性”效果图

在课件半成品的基础上制作，先添加好“游船”并制作好动画，然后再添加“文字内容”图层，并输入对动画的解说文字。

跟我学

制作“游船”图层

“游船”图层是一个运动渐变动画图层，先将对象拖到舞台右侧，然后在最后一帧添加关键帧，并将对象拖到最右侧，制作动画。

(1) **新建图层** 打开半成品课件“运动和静止的相对性.fla”，在“背景”图层上方添加一个新图层，命名为“游船”。

(2) **导入素材** 选择“文件”→“导入”→“导入到库”命令，按图 3-15 所示进行操作，将素材“小船.swf”导入到“库”面板中。

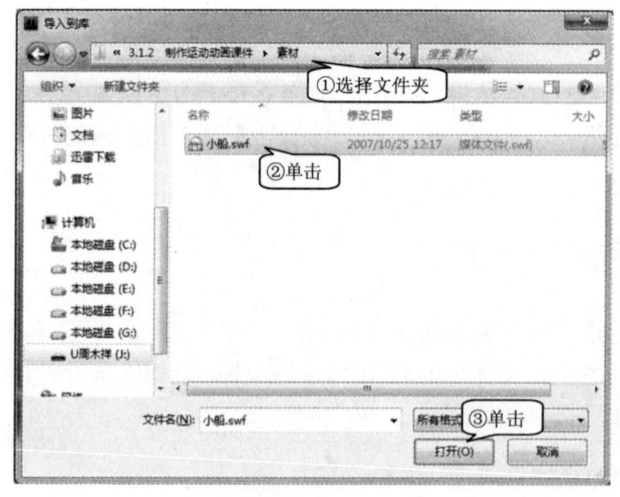

图 3-15 导入素材

(3) **拖动元件** 单击“小船”图层的第 1 帧，按图 3-16 所示进行操作，将元件“小船.swf”拖到舞台的左侧。

图 3-16 拖动元件到舞台

(4) **拖动元件**　按图 3-16 所示进行操作，再拖动一只小船到舞台左侧，位置如图 3-17 所示。

(5) **翻转对象**　选中下面一只小船，选择“修改”→“变形”→“垂直翻转”命令，将小船翻转过来，准备制作上面小船的倒影，效果如图 3-18 所示。

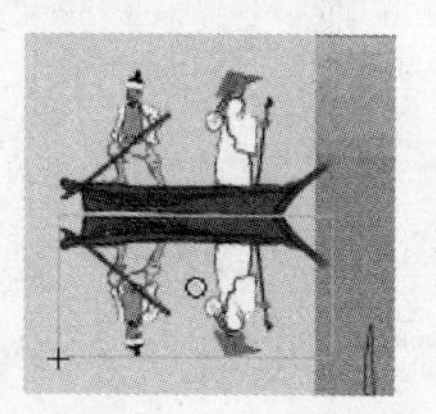

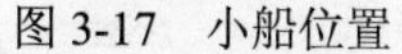

图 3-17　小船位置　　　　图 3-18　翻转后的倒影效果

(6) **设置透明效果**　按图 3-19 所示进行操作，将下面一只小船设置其透明效果“Alpha”的值为 20%。

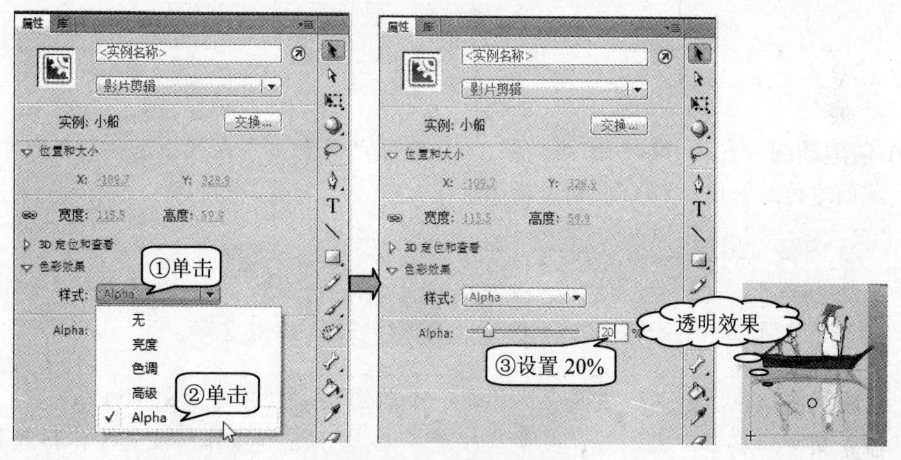

图 3-19　设置透明效果

(7) **选中对象**　按图 3-20 所示进行操作，同时选中两只小船。

(8) **组合对象**　选择“修改”→“组合”命令，将小船和倒影组合成一个整体，效果如图 3-21 所示。

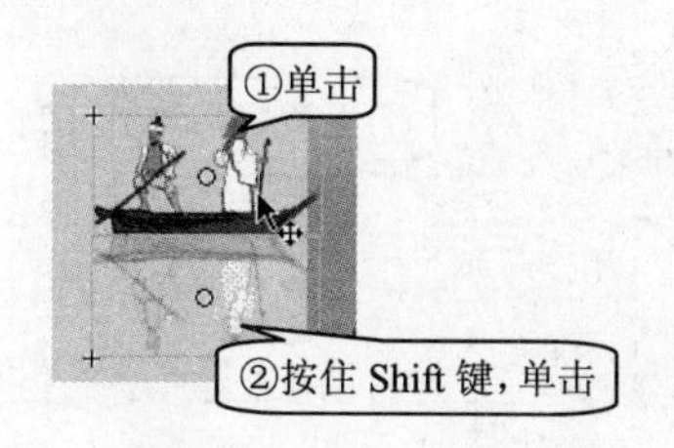

图 3-20　选中两只小船　　　　图 3-21　组合小船

要制作运动渐变动画，舞台上必须是一个对象，该对象可以是“库”面板中拖出来的对象，也可以是几个对象组合体。

(9) **制作最后一帧**　按图 3-22 所示进行操作，在“游船”图层的第 270 帧添加关键帧，并将舞台上的游船对象移到舞台最右侧。

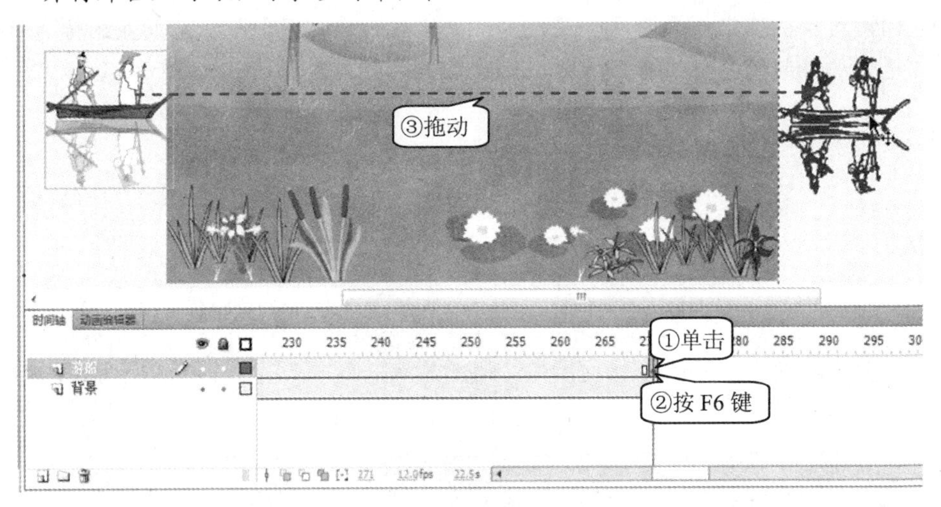

图 3-22　制作最后一帧

(10) **创建动画**　在“游船”图层的第 1～270 帧之间右击，在弹出的快捷菜单中选择“创建传统补间”命令，创建动画。

制作“文字内容”图层

先添加一个新图形，并重新命名为“文字内容”，然后利用“文本”工具，在“文字内容”图层的舞台输入解说文字。

(1) **新建图层**　在“游船”图层上方添加一个新图层，命名为“文字内容”。

(2) **输入文字**　单击“文本”工具T，按图 3-23 所示进行操作，设置字体格式并在舞台输入文字。

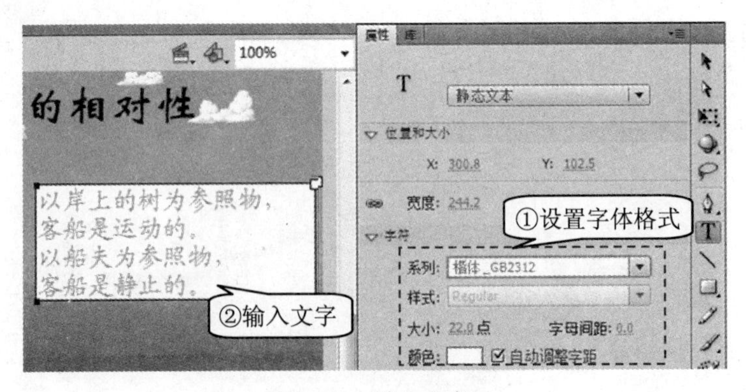

图 3-23　输入文字

(3) **保存并测试课件**　选择“文件”→“保存”命令，保存课件，再选择“控制”→“测试影片”命令，播放并测试课件。

3.1.3　制作变形动画课件

变形动画是指舞台上的对象由一种形状变化到另一种形状，两个关键帧之间的帧也是由 Flash 自动生成的，从而使画面能够从一个关键帧渐变到另一个关键帧的动画。

实例 3　太阳能

本例对应九年级《物理》中的一节内容，课件运行界面如图 3-24 所示。课件利用太阳光线照在一个凸透镜上，点燃小纸片的过程，来演示太阳能转换为内能的过程。

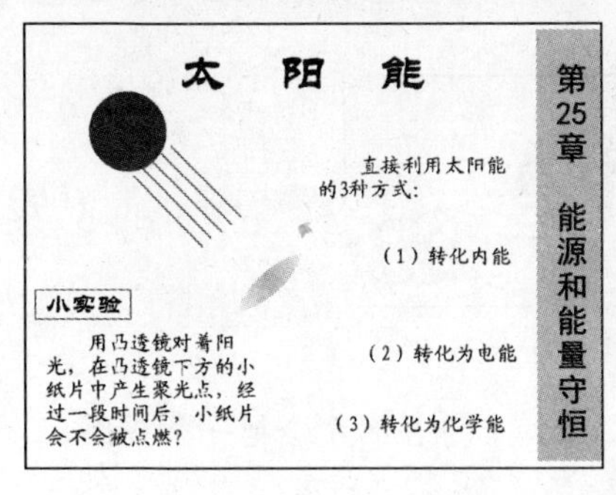

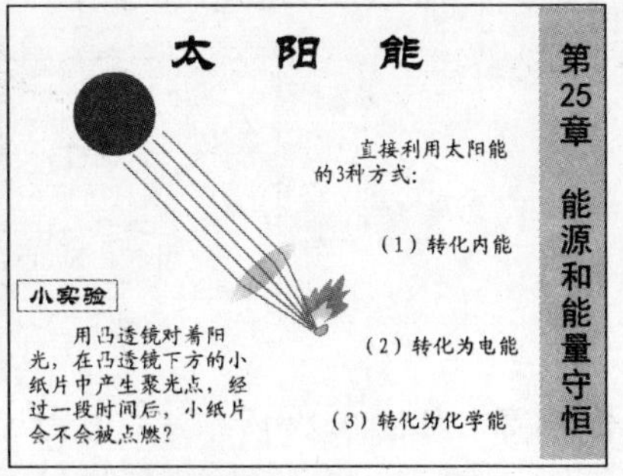

图 3-24　课件“太阳能”效果图

该课件是在光盘中提供的半成品的基础上制作而成的，“库”面板已经存放有一些素材，在制作的过程中可以随时调用。

跟我学

制作“背景”图层

“背景”图层含有背景图片和一些说明文字，背景图片都是利用工具箱中的绘图工具绘制而成的，可以利用前面所学的知识轻松实现。

(1) **选择工具**　按图 3-25 所示进行操作，选择“椭圆工具”。

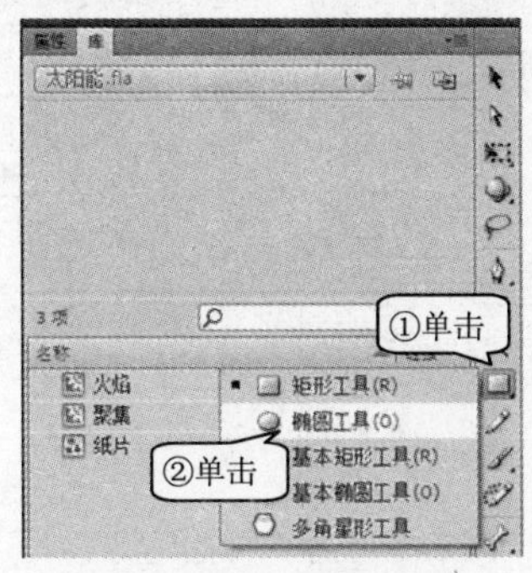

图 3-25　选择工具

(2) **选择颜色**　按图 3-26 所示进行操作，选择椭圆工具的颜色。

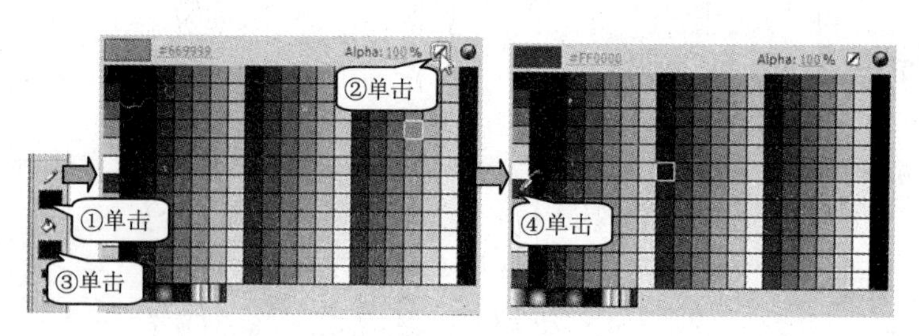

图 3-26　选择颜色

(3) **绘制圆形**　按图 3-27 所示进行操作，在舞台左上角绘制出一个红色的圆，作为太阳。

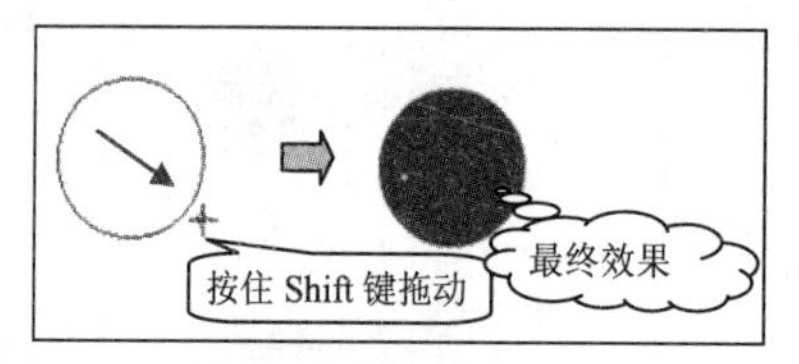

图 3-27　绘制太阳

(4) **绘制椭圆**　按图 3-28 所示进行操作，在太阳的右下方绘制一个椭圆。

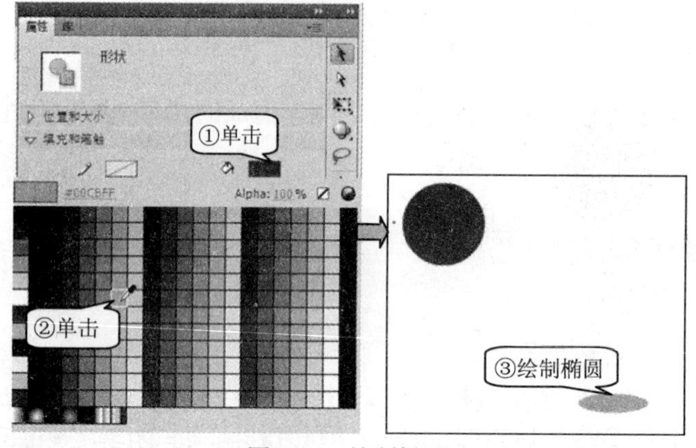

图 3-28　绘制椭圆

(5) **旋转方向**　按图 3-29 所示进行操作，旋转椭圆的方向。

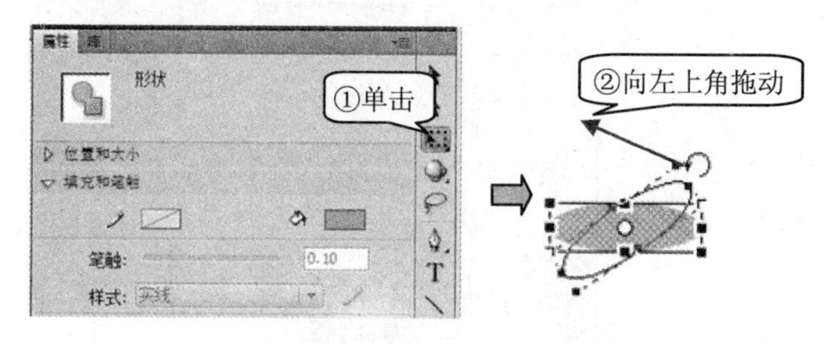

图 3-29　改变椭圆的方向

(6) **打开面板**　单击"选择"工具，并选择"窗口"→"颜色"命令，打开"颜色"面板。

(7) **改变过渡效果**　按图 3-30 所示进行操作，改变椭圆的过渡效果。

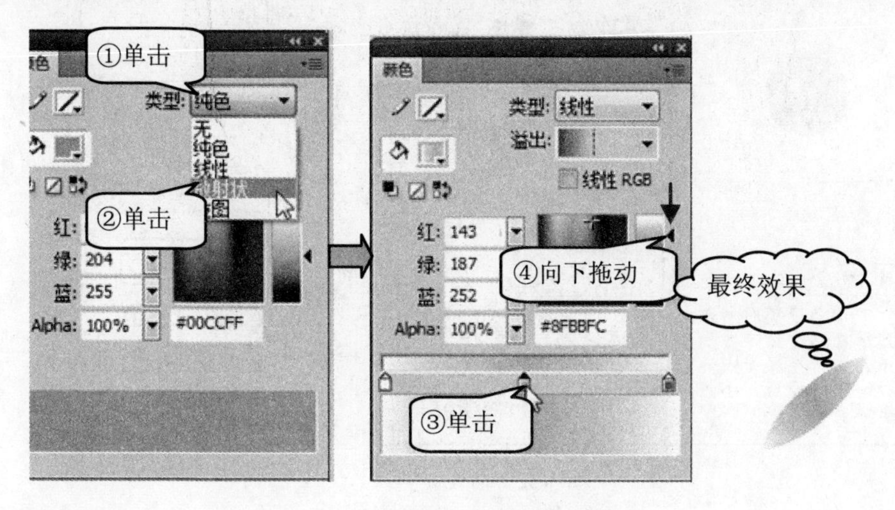

图 3-30　改变过渡效果

(8) **绘制矩形**　选择“矩形”工具，并设置填充颜色为“#65CCFF”，在舞台右侧绘制一个矩形，效果如图 3-31 所示。

图 3-31　绘制矩形

(9) **输入文字**　选择“文本”工具，并按图 3-32 所示字体格式进行操作，在舞台适当位置输入课件说明文字。

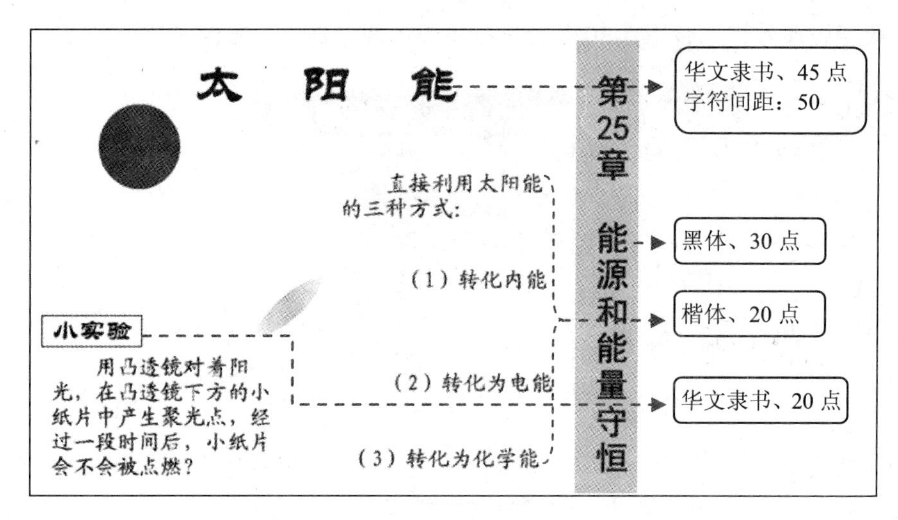

图 3-32　输入文字

(10) **命名图层**　双击“图层 1”，将图层重新命名为“背景”图层。

制作“直线光”图层

在“直线光”图层制作一个形状渐变动画，表示太阳光线直射到“凸透镜”上。

(1) **添加图层**　按图 3-33 所示进行操作，添加一个新图层，并重新命名为“直线光”。

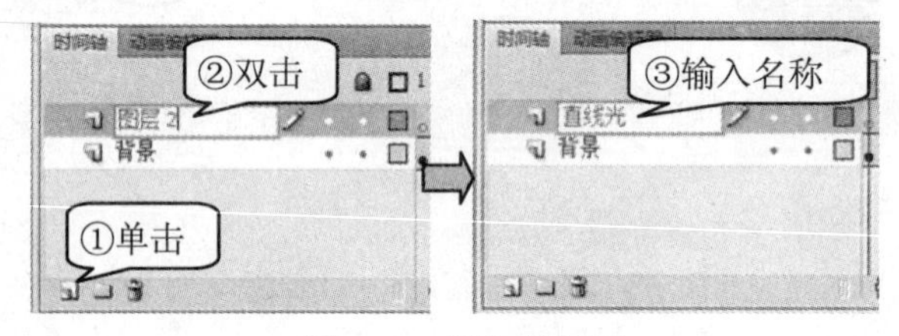

图 3-33　添加新图层

(2) **选择工具**　单击工具箱上的“直线”工具，再设置线条的颜色为“红色”。
(3) **绘制直线**　在太阳右下角绘制几条直线，效果如图 3-34 所示。

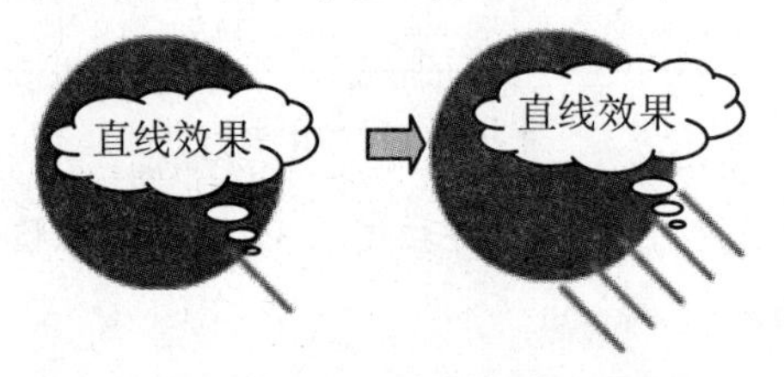

图 3-34　绘制直线

(4) **插入关键帧**　分别在“直线光”图层第 20 帧和第 35 帧中插入关键帧。
(5) **选择工具**　单击“直线光”图层的第 20 帧，再选择“部分选取”工具，并按图 3-35 所示进行操作，调整直线的长度。

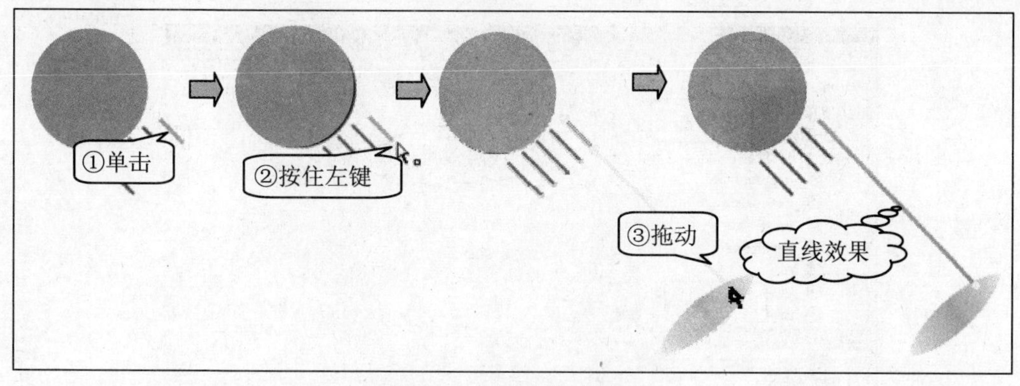

图 3-35　调整直线的长度

(6) **调整其他直线**　参照图 3-35 所示进行操作，完成其他几根直线的调整，“直线光”图层的第 20 帧直线效果如图 3-36 所示。

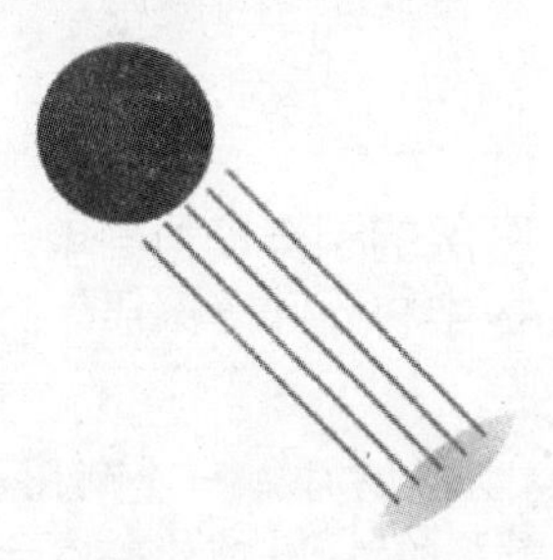

图 3-36　绘制直线

(7) **创建动画**　在“直线光”图层的第 1～20 帧之间单击鼠标右键，在弹出的快捷菜单中选择“创建补间形状”命令，制作形状补间动画。时间轴效果如图 3-37 所示。

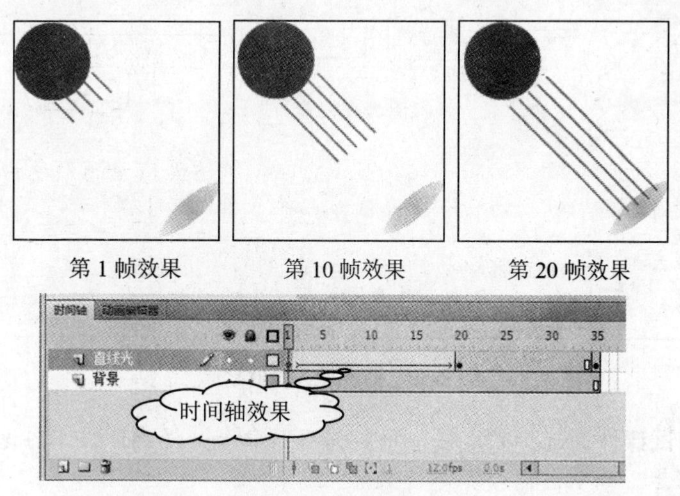

图 3-37　动画效果

(8) **添加代码**　在“直线光”的第 35 帧单击鼠标右键，在弹出的快捷菜单中选择“动作”命令，按图 3-38 所示进行操作，添加停止运行的代码。

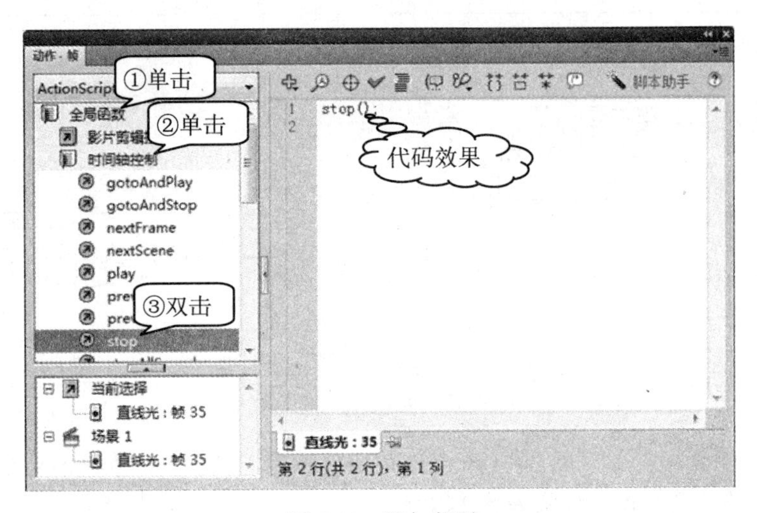

图 3-38　添加代码

制作“聚焦”图层

“聚焦”图层的制作较为简单，只需要在第 20 帧处添加一个关键帧，然后从“库”面板中将元件“聚焦”拖到舞台适当位置即可。

(1) **添加图层**　在“直线光”图层上方添加一个新图层，并重新命名为“聚焦”。

(2) **插入关键帧**　在“聚焦”图层的第 20 帧处插入一个关键帧。

(3) **拖动元件**　按图 3-39 所示进行操作，将元件“聚焦”拖到舞台光线的右下角位置。

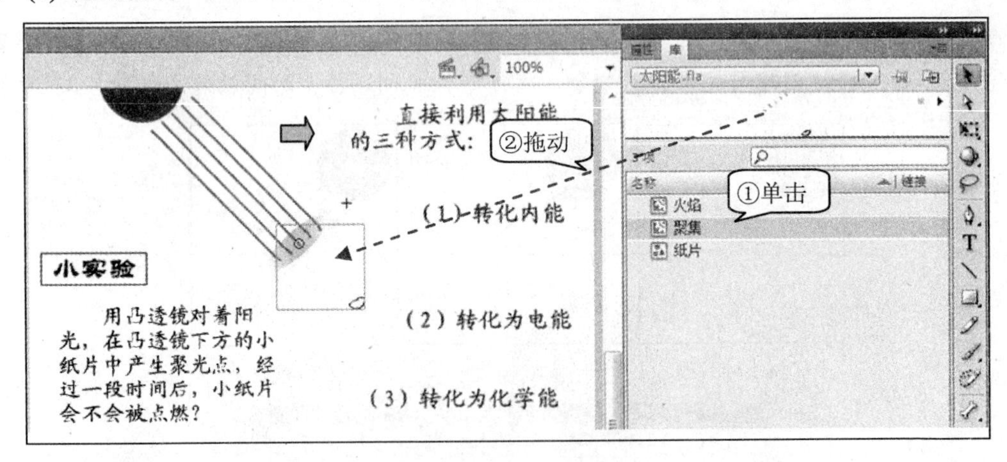

图 3-39　拖动元件到舞台

(4) **保存并测试课件**　选择“文件”→“保存”命令，保存课件，再选择“控制”→“测试影片”命令，播放并测试课件。

1. 任意变形工具

先选择舞台上需要变形的对象，再单击工具栏中的“任意变形”工具，在工具栏下方会显示“旋转与倾斜”工具、“缩放”工具、“扭曲”工具和“封套”工具4个选项。选择其中一个选项，即可对对象进行相应的变形，各选项的变化效果如表格 3-1 所示。

表 3-1　“任意变形”工具各选项的变化效果

工具名称	效果			
旋转与倾斜	原始图	水平倾斜	垂直倾斜	旋转
缩放	原始图	放大	缩小	
扭曲	原始图	扭曲	扭曲	
封套	原始图	调整形状	调整形状	

2. 渐变变形工具

工具栏上的“渐变变形”工具，能够对具有渐变效果的对象填充颜色和进行调整，具体操作效果如表 3-2 所示。

表 3-2 “渐变变形”工具各选项变化效果

原 始 图	调整水平填充半径	调整填充半径大小	调整填充方向
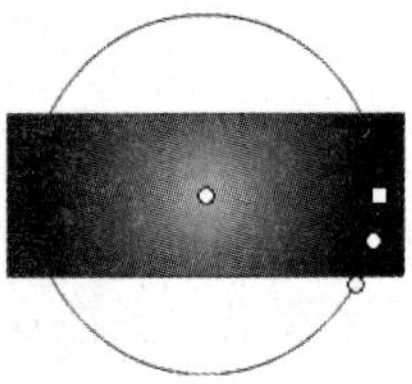	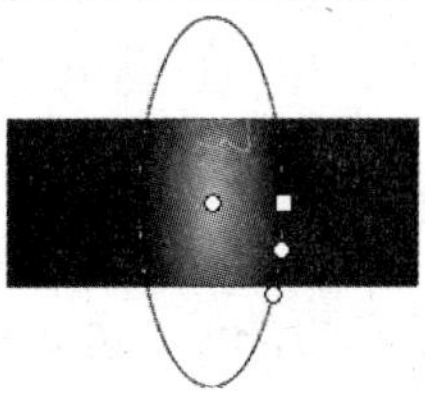	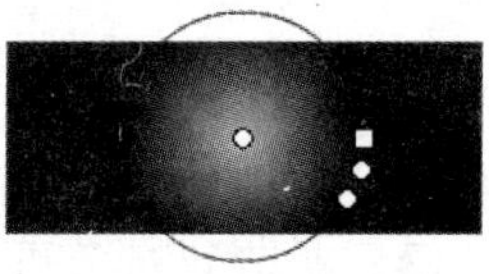	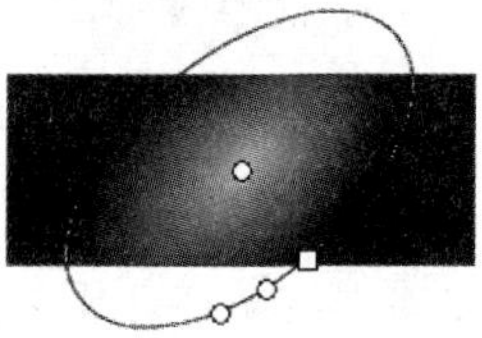

3.2 制作引导动画和遮罩动画课件

除 Flash 中的基本动画之外，还有图层动画，它包括“引导动画”和“遮罩动画”，这两种动画，可以在特殊的场合制作出具有特殊效果的动画课件。

3.2.1 制作引导动画

课件制作中，有时候需要一种按自己设定的既定路线运动的动画，这时就可以利用 Flash 中的运动动画来实现。在 Flash 中添加一个引导图层，在该引导层中绘制出运动路线，把要运动的动画对象放到被引导层中，即可轻松实现各种按既定路线运动的动画。

实例 4 核外电子排布

本例对应九年级《化学》教材中的一节内容，课件运行界面如图 3-40 所示。该课件是模拟电子围绕原子核运动的过程。

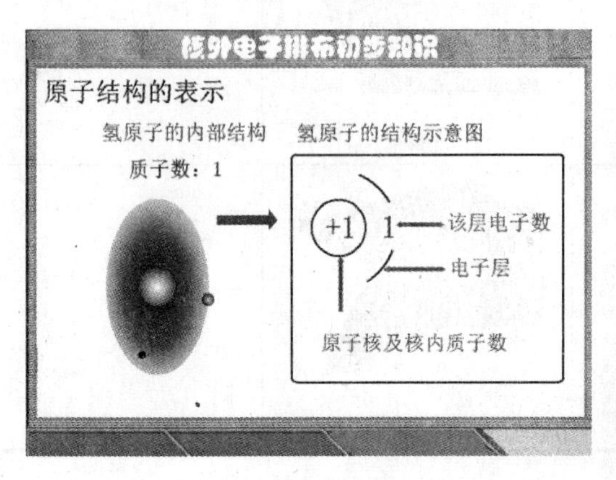

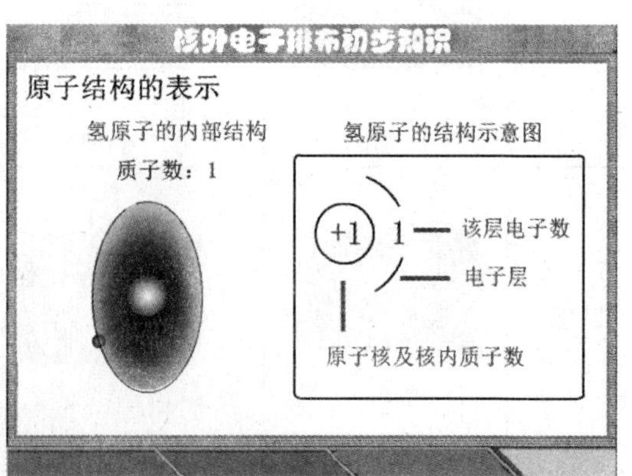

图 3-40 课件“核外电子排布初步知识”效果图

在课件半成品中已经制作好了“背景”图层，要完成整个作品的制作，需要先在“背景”图层的上方添加 4 个图层，分别旋转说明文字和制作引导动画。

跟我学

制作“内部结构”图层

“内部结构”图层含有说明文字和一个原子内部结构图，其中不包含电子的运动动画，动画将单独进行制作。

(1) **打开文件** 打开光盘素材文件夹中的课件“核外电子排布.fla”，在“背景”图层上方添加一个新图层，并重新命名为“内部结构”。

(2) **输入文字** 选择工具箱上的“文本”工具T，参照图 3-41 所示的位置和格式，在舞台上输入相应的文字。

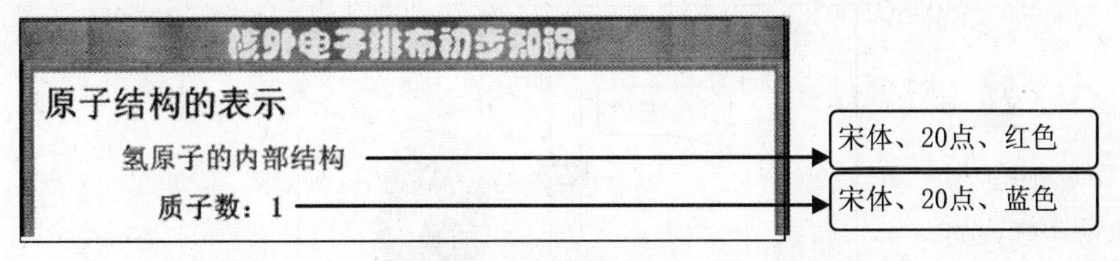

图 3-41 输入文字

(3) **打开面板** 选择“工具箱”面板上的“椭圆”工具，并按 Shift+F9 键，打开“颜色”面板。

(4) **设置边框** 按图 3-42 所示进行操作，设置边框为无色效果。

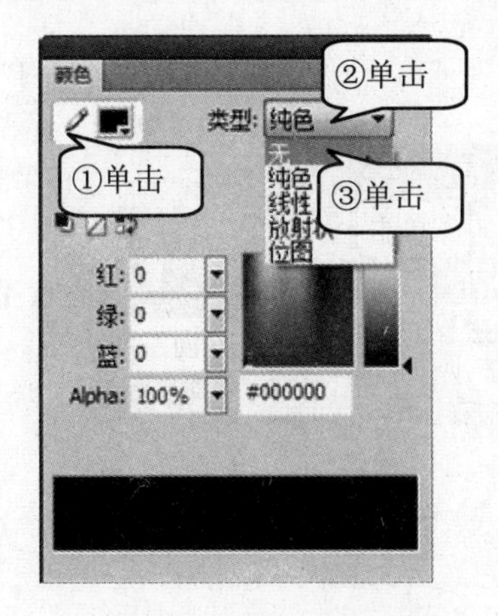

图 3-42 设置边框效果

(5) **设置填充效果** 按图 3-43 所示进行操作，设置椭圆的填充效果。

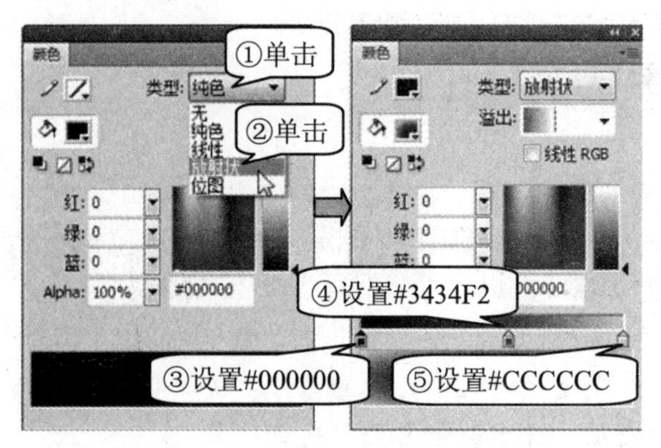

图 3-43　设置椭圆的填充效果

(6) **绘制椭圆**　按图 3-44 所示，在舞台上绘制一个椭圆。

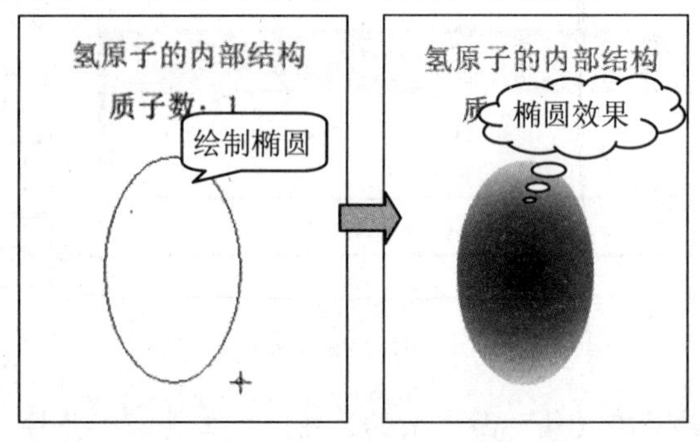

图 3-44　绘制椭圆

(7) **调整渐变效果**　按图 3-45 所示进行操作，选择“渐变变形工具”，并调整渐变效果。

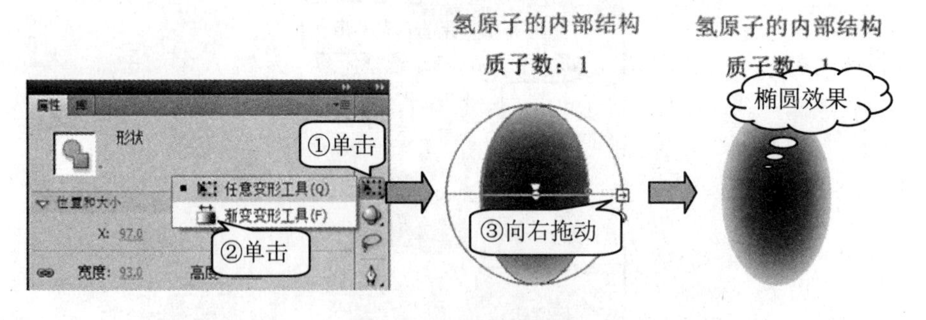

图 3-45　调整渐变效果

制作“电子”运动动画

核外电子的运动动画是本课件的核心内容，制作时可以先绘制一个电子，然后绘制添加一个运动轨迹，最后制作引导动画。

(1) **添加图层**　在“内部结构”图层上方添加一个新图层，并重新命名为“电子”。

(2) **绘制电子**　按图 3-46 所示进行操作，在蓝色椭圆上方位置绘制一个圆形电子。

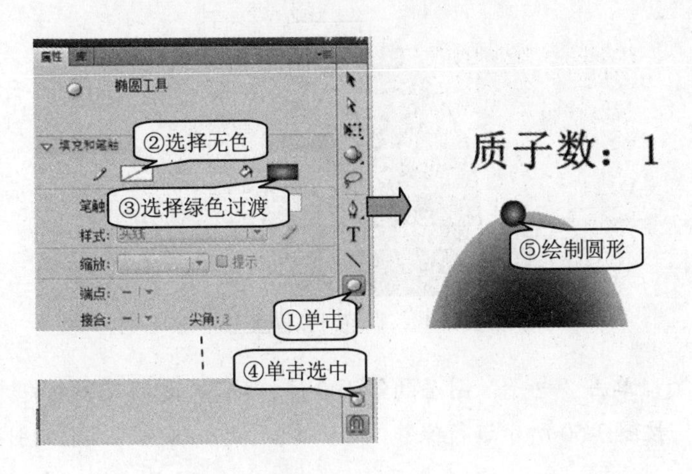

图3-46　绘制电子

(3) **添加图层**　继续在“电子”图层上方添加一个图层，并命名为“运动轨迹”。

(4) **绘制引导线**　按图3-47所示进行操作，绘制一个黑色椭圆作为引导线。

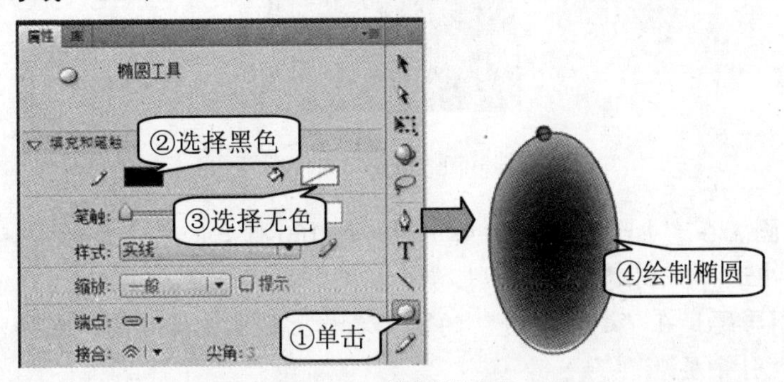

图3-47　绘制引导线

(5) **调整引导线**　选择工具箱中的“橡皮擦”工具，按图3-48所示进行操作，将引导线擦除一段。

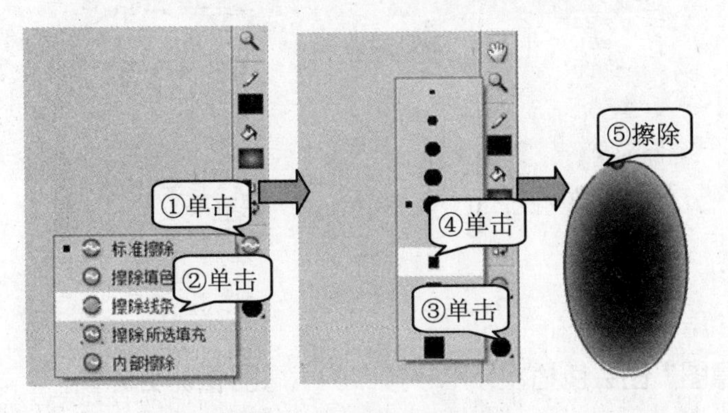

图3-48　擦除一段引导线

(6) **调整对象**　选择工具箱中的“选择”工具，再选中工具箱中的“紧贴至对象”工具，按图3-49所示进行操作，拖动“电子”小球使其吸附到引导线上。

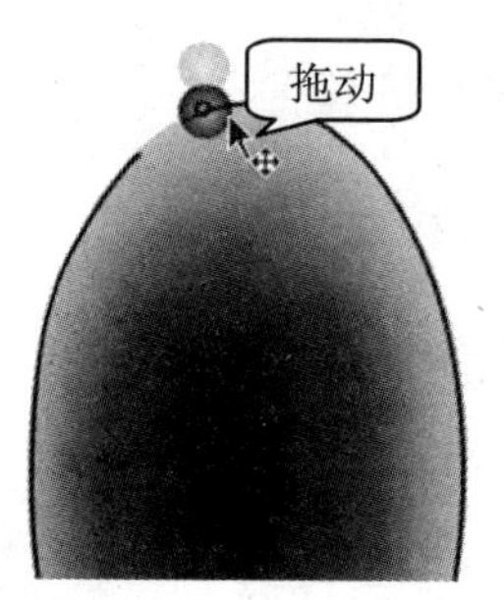

图 3-49　调整对象位置

(7) **添加关键帧**　单击“电子”图层的第 100 帧，按 F6 键插入一个关键帧。

(8) **调整对象**　按图 3-50 所示进行操作，拖动“电子”小球使其吸附到引导线的另一端。

图 3-50　调整对象位置

(9) **制作动画**　在“电子”图层的第 1 帧与第 100 帧之间单击鼠标右键，在弹出的快捷菜单中选择“创建传统补间”命令，制作运动渐变动画。

(10) **设置引导层**　在“运动轨迹”的图层名称上单击鼠标右键，在弹出的快捷菜单中选择“引导层”。

(11) **调整对象**　按图 3-51 所示进行操作，拖动“电子”小球使其吸附到引导线另一端。

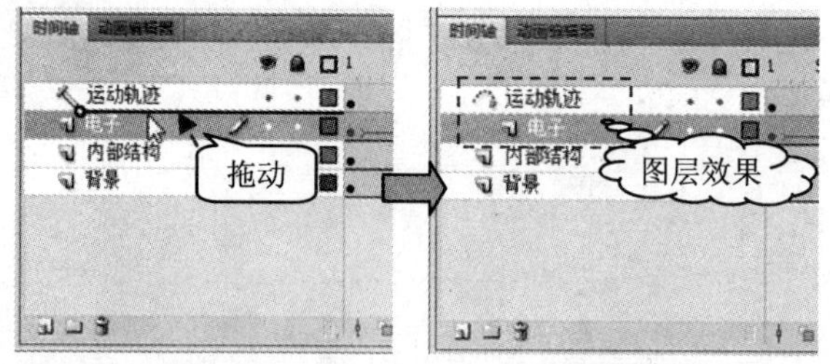

图 3-51　调整对象后的图层效果

制作“示意图”图层

“示意图”图层包括核外电子排布的示意图和说明文字。

(1) **添加图层**　在“运动轨迹”图层上方添加一个新图层，并重新命名为“示意图”。

(2) **绘制圆角矩形**　按图 3-52 所示进行操作，在舞台右侧绘制出一个圆角矩形。

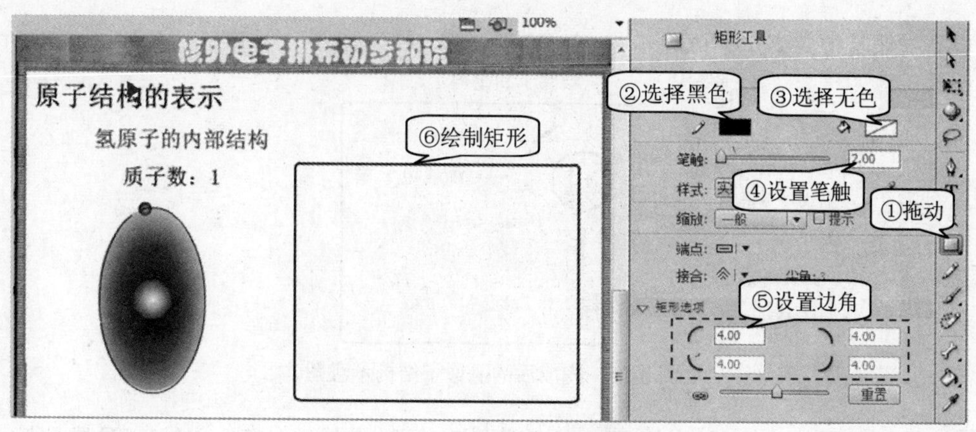

图 3-52　绘制圆角矩形

(3) **绘制弧线**　选择“直线”工具，在矩形内部绘制一条直线，再选择“选择”工具，并按图 3-53 所示进行操作，调整直线的弧度。

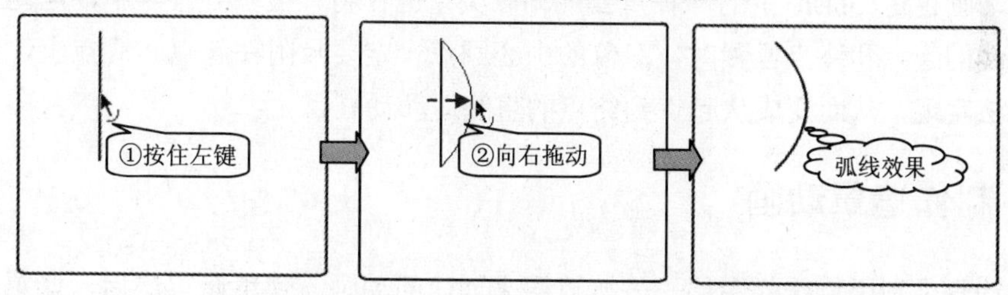

图 3-53　绘制弧线

(4) **擦除部分弧线**　按图 3-54 所示进行操作，将弧线中间部分擦除掉。

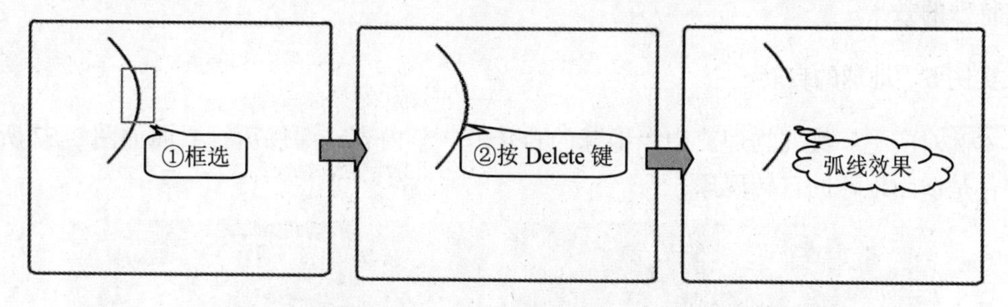

图 3-54　擦除弧线中间部分

(5) **绘制圆形**　选择“椭圆”工具，在弧线左侧绘制一个圆，效果如图 3-55 所示。

图 3-55　绘制圆

(6) **制作其他内容** 参照光盘实例，完成“示意图”图层的制作，效果如图 3-56 所示。

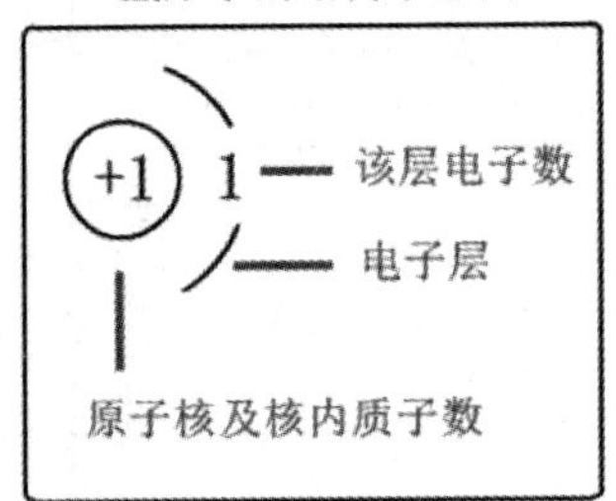

图 3-56 完成后的氢原子结构示意图

(7) **保存动画** 选择“控制”→“测试影片”命令(或按 Ctrl+Enter 键)，预览效果。

运动动画也是 Flash 中的一种重要的动画类型。在将“被引导层”中的运动对象拖放到运动路线的起点和终点位置时，对象的中心圆点一定要吸附在起点和终点上，否则运动动画将无法实现，从而变成从起点到终点的直线运动动画。

3.2.2 制作遮罩动画

遮罩动画是利用特殊的图层——遮罩层来创建的动画。使用遮罩层后，遮罩层下面图层的内容就像透过一个窗口显示出来一样，这个窗口的形状和大小就是遮罩层中的内容的形状和大小。在课件中制作遮罩动画能够将动画演示限制在一个形状或区域内，从而实现某些特殊的效果。

实例 5 地球的自转

本例对应七年级《物理》中“地球的自转”一节内容，课件运行界面如图 3-57 所示。该课件是演示地球的自转现象。

图 3-57 课件“地球的自转”效果图

在课件半成品的基础上，添加图层，绘制填充色为黑色的圆形，最后将圆形制作为遮罩层，这时的圆就像是一个透明玻璃，从中可以看到遮罩层中的动画。

跟我学

制作移动地图

移动地图的动画由两个图层组成，一个图层中的地图向左移动，另一个图层中的地图向右移动。

(1) **命名图层**　打开半成品课件“地球的自转.fla”，双击“图层 1”，重新命名为“地图 1”。

(2) **拖动元件**　按图 3-58 所示进行操作，将“库”面板中的元件“地图”拖到舞台。

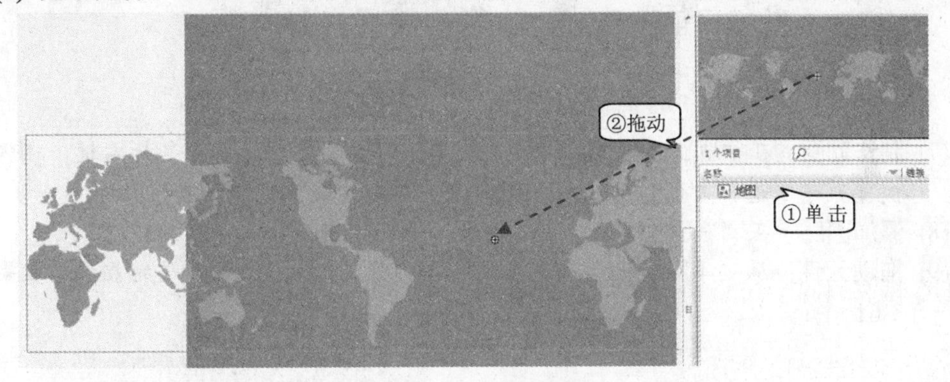

图 3-58　拖动元件到舞台

(3) **翻转对象**　选择“修改”→“变形”→“水平翻转”命令，将舞台上的地图对象左右翻转一次。

(4) **调整亮度**　选中地图对象，按图 3-59 所示进行操作，调整舞台上的地图亮度。

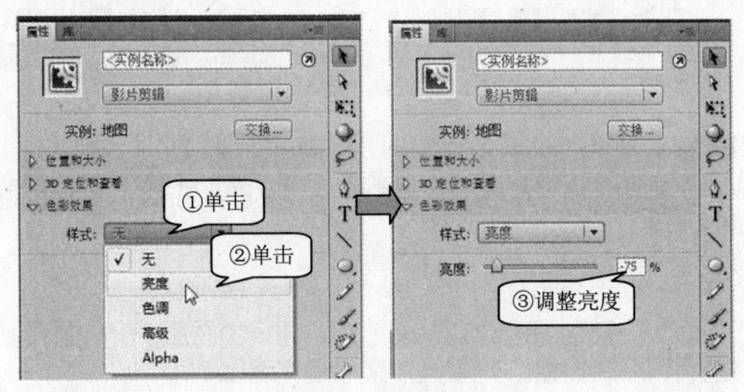

图 3-59　调整地图亮度

(5) **添加关键帧**　单击“地图 1”图层的第 100 帧，按 F6 键，插入一个关键帧。

(6) **拖动对象**　将舞台上的地图拖到舞台的左侧，拖动后的位置效果如图 3-60 所示。

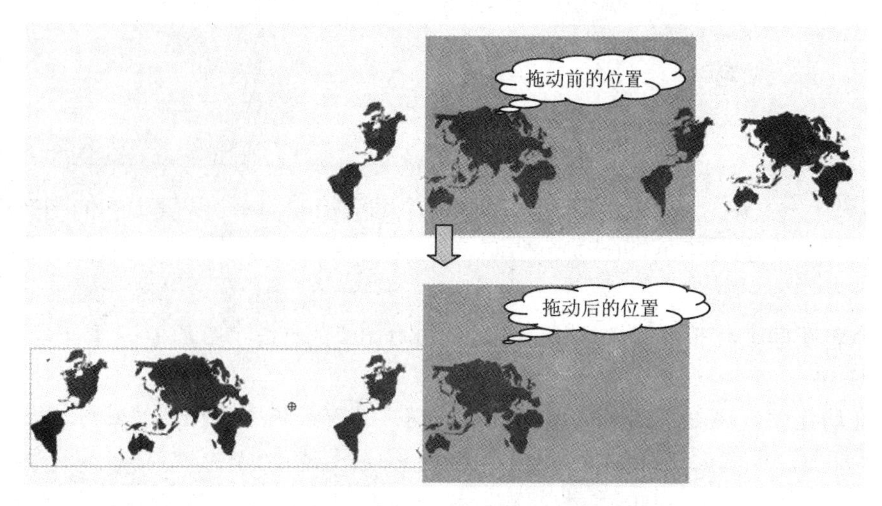

图 3-60　拖动对象到舞台左侧

(7) **制作动画**　在“地图 1”图层的第 1 帧与第 100 帧之间，单击鼠标右键，在弹出的快捷菜单中选择“创建传统补间”命令，制作运动渐变动画。

(8) **添加图层**　在“地图 1”图层上方添加一个新图层，命名为“地图 2”。

(9) **拖动元件**　从“库”面板中将元件“地图”拖到“地图 2”图层的左侧，效果如图 3-61 所示。

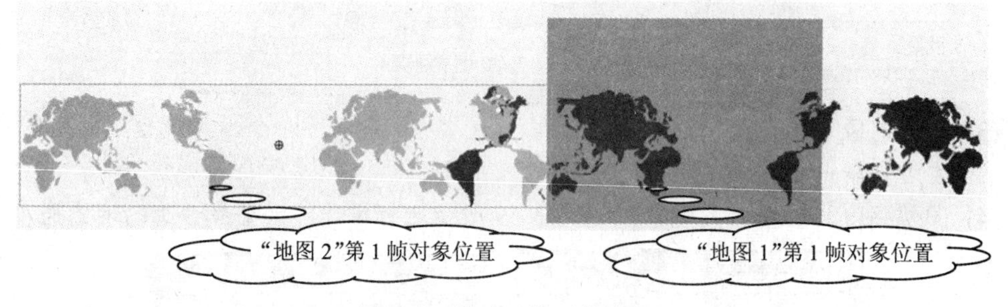

图 3-61　拖动元件后的效果

(10) **添加关键帧**　单击“地图 2”图层的第 100 帧，按 F6 键，插入一个关键帧。

(11) **制作动画**　将舞台上的地图对象拖到舞台的右侧，并制作第 1 帧与第 100 帧之间运动渐变动画。

制作“遮罩”动画

在地图运动动画的上方添加一个图层，在该图层上绘制一个圆形，然后将该图层设置成遮罩层，最后制作遮罩动画。

(1) **添加图层**　在“地图 2”图层上方添加一个新图层，命名为“遮罩”。

(2) **绘制圆形**　选择“椭圆”工具，在舞台上绘制一个圆形，效果如图 3-62 所示。

图 3-62　绘制圆形

(3) **添加图层**　在“遮罩”图层上方添加一个新图层，命名为“地球”。

(4) **复制图形**　单击“遮罩”层的圆，按 Ctrl+C 键复制一份，再选择“地球”图层，按 Ctrl+Shift+V 键，将圆粘贴到舞台中同一位置。

(5) **调整颜色**　选中“地球”图层的圆，选择“窗口”→“颜色”命令，打开“颜色”面板，按图 3-63 所示设置圆的填充效果。

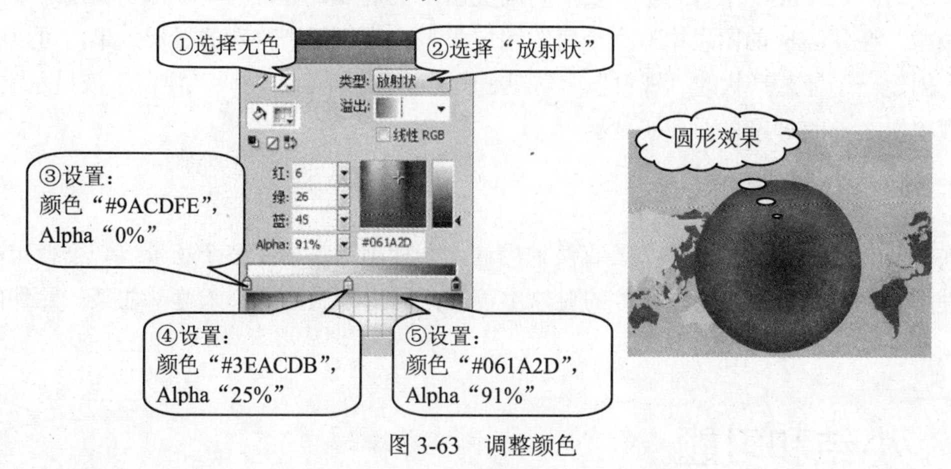

图 3-63　调整颜色

(6) **设置遮罩层**　在“遮罩”图层上单击鼠标右键，在弹出的快捷菜单中选择“遮罩层”，时间轴效果如图 3-64 所示。

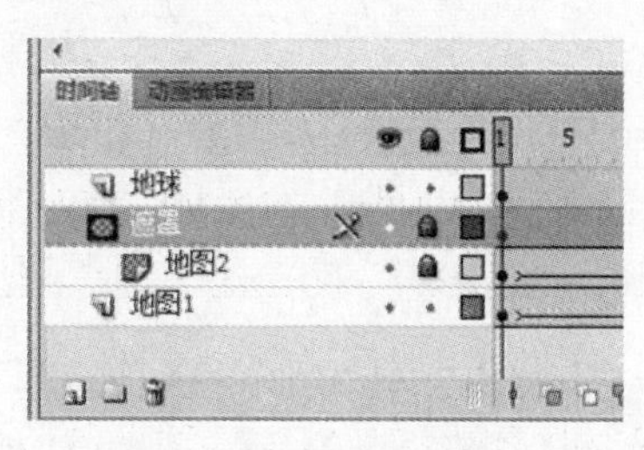

图 3-64　遮罩层效果

(7) **设置遮罩层**　按图 3-65 所示进行操作，向上拖动“地图 1”图层，使其也成为被遮罩层。

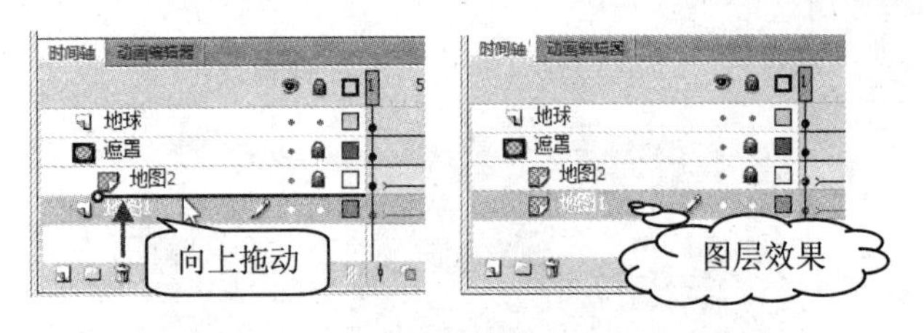

图 3-65　设置遮罩层

(8) **制作标题**　在“遮罩”图层上方添加一个“标题”图层，参照光盘效果输入课件标题。

(9) **测试动画**　选择“控制”→“测试影片”命令(或按 Ctrl+Enter 键)，预览效果，并保存课件。

1. “遮罩动画”的原理

遮罩动画是 Flash 中另一种重要的动画类型，很多效果丰富的动画都是通过遮罩动画来完成的。在 Flash 的图层中有一个遮罩图层类型，为了得到特殊的显示效果，可以在遮罩层上创建一个任意形状的“视窗”，遮罩层下方的对象可以通过该“视窗”被显示出来，而“视窗”之外的对象将不会被显示。

2. “遮罩动画”的用途

在 Flash 动画中，“遮罩”主要有两种用途，一种用途是用在整个场景或一个特定区域中，使场景外的对象或特定区域外的对象不可见；另一种用途是用来遮罩住某一元件的一部分，从而实现一些特殊的效果。

3.3　小结和习题

3.3.1　小结

利用 Flash 可以制作出界面美观、动静结合、声形并茂、交互方便的多媒体 CAI 课件，而且操作简便、易学、好用，同时具有良好的兼容性。本章详细介绍了 Flash 课件的制作方法和技巧，具体包括以下两个主要内容。

- **制作基本动画课件**：主要介绍 Flash 动画的 3 种最基本的动画，然后讲述课件中这 3 种动画的运用。
- **制作图层动画课件**：通过各种实例介绍了动画型课件的制作，主要介绍了引导动画和遮罩动画的制作方法。

3.3.2 习题

一、选择题

1．在 Flash 中，要选择一组非连续帧，可按下(　　)键，然后单击要选择的各帧。

A. Shift　　B. Alt　　C. Ctrl　　D. Ctrl＋Alt

2．在制作形状渐变动画时，常添加形状提示点，最多可添加(　　)个。

A. 20　　B. 26　　C. 30　　D. 40

3．删除关键帧的快捷键是(　　)。

A. F5　　B. F6　　C. Shift＋F6　　D. Alt＋F6

4．在“洋葱皮”工具中单击(　　)按钮，可显示出除播放指针外的所有帧的轮廓。

A.“绘图纸外观”工具　　B.“绘图纸外观轮廓”工具

C.“编辑多个帧”工具　　D.“修改绘图纸标记”工具

5．设置(　)可以设定动画的播放速度。

A. 帧频　　B. 场景大小　　C. 遮罩层　　D. 引导层

6．如果当前帧不是关键帧，此时画面中的所有帧均为(　　)显示，表示当前没有可编辑帧。

A. 黑色　　B. 灰色　　C. 暗灰色　　D. 白色

二、判断题

1．逐帧动画是指在每个帧上都有关键性变化的动画，它是由许多单个的关键帧组合而成。(　　)

2．渐变动画制作过程简单，只需建立动画的第 1 个画面，其他画面由电脑自动产生。(　　)

3．与运动渐变不同的是，形状渐变的对象是分离的可编辑图形，它可以是同一层上的多个图形，也可以是单个图形。(　　)

4．遮罩层中的对象只能是单一的物体、元件或文本对象。(　　)

5．帧频决定了动画播放的连贯性和平滑性，帧频越小，动画播放速度越快。(　　)

第 4 章

制作练习型课件

在实际教学中，当一个教学环节任务完成后，往往会设计一些练习题让学生进行强化训练，以了解学生对知识的掌握程度，或作为该节课的检测评价。而Flash制作练习课件的优势在于动感足、交互性强，具有较好的反馈功能，不但适合在教学环节中使用，而且可用于学生自主学习。

本章主要介绍利用动画呈现、Action Script语言(简称AS)编写代码设计制作单项选择、多项选择、填空、判断、连线及拖拽题等题型，帮助读者充分挖掘Flash在制作教学课件方面的功能，完成练习型课件的制作，使其更好地为教学服务。

本章内容：

- 制作选择题课件
- 制作填空题和判断题课件
- 制作拖拽题和连线题课件

4.1 制作选择题课件

选择题是习题中常见的一种题型，它分为单项选择题和多项选择题，一般情况下，它由一个题干和若干个答案选项组成。本节主要介绍利用 AS 代码制作单项及多项选择题。

4.1.1 制作单项选择题课件

单项选择题是选择题的一种题型，通常由一个题干和若干个答案选项组成，所有答案选项中有且只有一个是正确答案。

实例 1 英语听力练习

听力是英语学科内容考察的一个重要组成部分。本实例设计有 5 道单项选择题，通过本实例主要介绍单项选择题的制作。课件“英语听力练习”第 1 题效果图如图 4-1 所示。

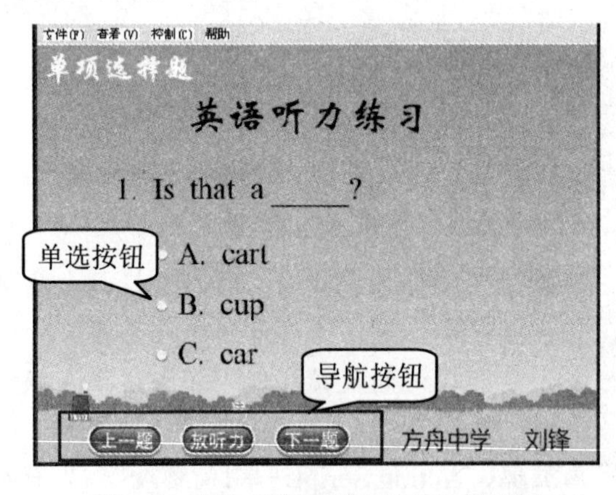

图 4-1 课件“英语听力练习”效果图

在制作时首先需运行 Flash 软件，打开初始课件，制作每小题的“录音”元件，单击新建图层，制作选择题的题干、答案选项、导航栏和反馈，在每个选项的前面添加单选按钮，并设置其属性值等，最后为动作帧和“放听力”等按钮添加动作。

布置舞台

在舞台上布置选择题的题干、答案选项、导航栏及反馈等元件，并修改正确和错误反馈的实例名称。

(1) **打开初始课件** 运行 Flash 软件，打开“英语听力练习”课件。

(2) **制作题目** 新建“题目”图层，利用“文本”工具 T 完成题干、答案选项的制作，并排列对齐各选项，效果如图 4-2 所示。

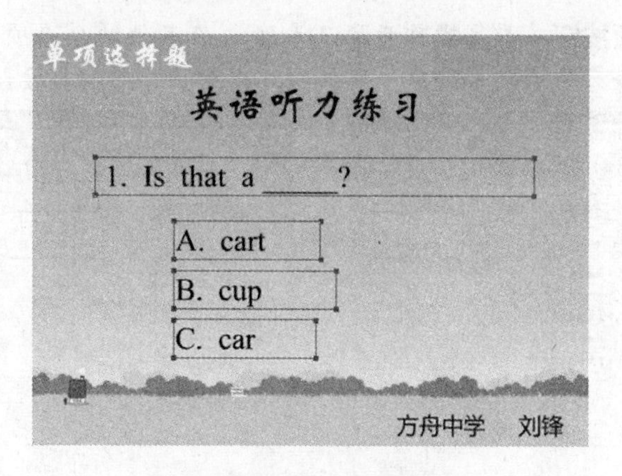

图 4-2　题目、选项布置效果图

(3) **添加单选按钮**　新建“单选按钮”图层，选择“窗口”→“组件”命令，按图 4-3 所示进行操作，完成单选按钮的添加。

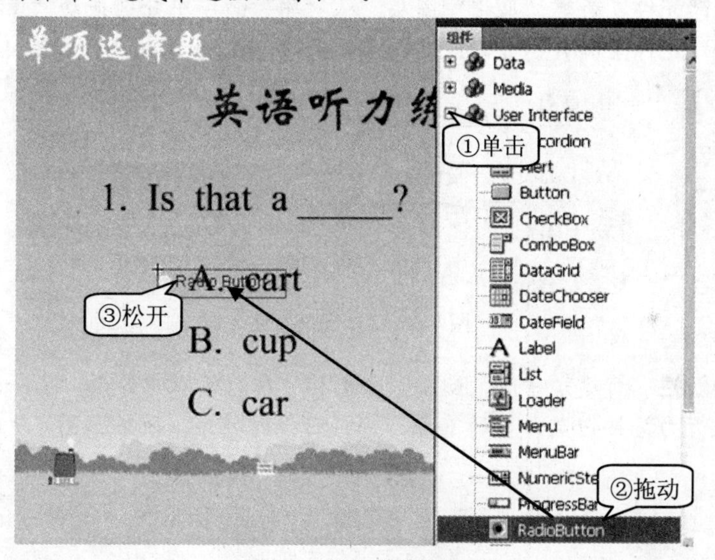

图 4-3　添加单选按钮

(4) **修改按钮属性**　选中单选按钮，按图 4-4 所示进行操作，修改其实例名称为“a1”，data 参数值为“0”、groupName 参数值为“radio1”、清空 label 参数值。

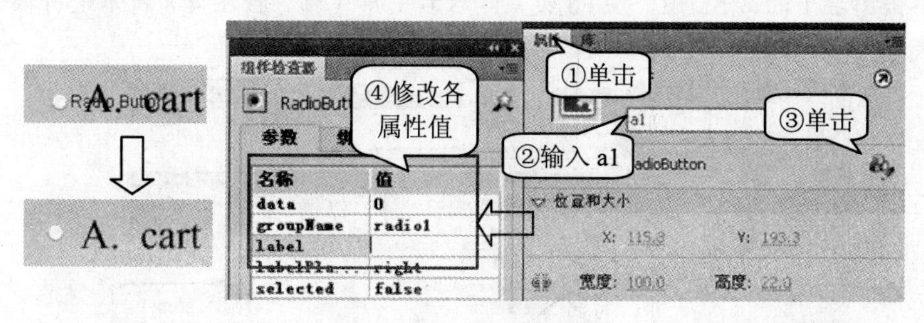

图 4-4　修改按钮的属性

(5) **制作其他选项按钮** 重复操作步骤(3)和(4)，在其他两个选项前插入选项按钮，实例名称分别命名为“b1 和 c1”，并按图 4-5 所示，完成各按钮属性的修改。

图 4-5 设置实例 b1、c1 两个按钮的属性值

因为本题的正确答案为 C，所以 C 选项前的单选按钮 data 值修改为“1”；这 3 个按钮为同一题的选项，故组名 groupName 值相同，为添加动作做好准备。

(6) **添加反馈元件** 新建“反馈”图层，从“库”面板中分别拖动“正确反馈”、“错误反馈”元件至舞台，并修改实例名称为“dui”和“cuo”，如图 4-6 所示。

图 4-6 添加反馈元件

(7) **制作导航栏** 新建“导航”图层，分别从“库”面板中拖动“上一题”、“下一题”和“放听力”按钮至舞台的下方，将它们排列对齐，效果如图 4-7 所示。

图 4-7 制作导航栏

(8) **制作录音元件** 新建“录音 1”元件，把“库”面板中“c01.mp3”拖到舞台中，单击图层 1 的第 35 帧，按 F5 键，然后右击第 1 帧，按图 4-8 所示进行操作，添加代码。

图 4-8 制作录音元件

(9) **添加录音元件**　在主场景 1 中新建“录音”图层，把“录音 1”元件拖入舞台中，并修改其实例名称为“ly1”。至此，场景第 1 帧(即第 1 题)的舞台布置完毕。

添加动作

添加判断用户选择是否正确的反馈动作代码；同时，为导航按钮添加动作代码。

(1) **添加反馈动作**　新建“action”图层，为第 1 帧添加动作，代码如图 4-9 所示，完成判断和反馈的功能。

```
stop( );          //当前场景，在播放到当前帧时停止
clickListener = new Object( );            //定义侦听对象
clickListener.click = function(evt) {     //定义侦听对像的 click 对象
    mydata = evt.target.selection.data;
                                   //将选中按钮的 data 值赋值给变量 mydata
    if (mydata = = 1) {
        dui.play( );
    } else {
        cuo.play( );
    }       //如果选中按钮的 data 值是 1 播放正确反馈，否则播放错误反馈
}
radio1.addEventListener("click",clickListener);
          //将选项组名为“radio1”的全部单选按钮添加为侦听对像
```

图 4-9　添加判断和反馈动作代码

后面各题只需把最后一句添加到 action 层对应的帧上，并把 radio1 修改为相应的组名即可。代码中“//”后面的内容表示注释和说明。

(2) **添加放听力动作**　为“放听力”按钮添加动作，输入如图 4-10 所示的代码，完成单击“放听力”按钮时播放该题听力录音的功能。

```
on (release) {
  ly1.play( );
}          //释放鼠标时播放“ly1”元件，即播放第 1 题的听力录音
```

图 4-10　“放听力”按钮动作

(3) **添加导航动作**　分别为“上一题”、“下一题”按钮添加动作，输入如图 4-11 所示的代码，完成上、下翻页的功能。

on (release) {
if (_root._currentframe>1)
_root.prevFrame( );
}//释放鼠标时，如果当前帧数大于 1（表示前面还有帧），则向前跳转 1 帧
	on (release) {
	if (_root._currentframe<5)
	_root.nextFrame( );
	} //当释放鼠标时，如果当前帧数小于 5 时，即没有到最后一帧，则向后跳转 1 帧

图 4-11　“上一题”和“下一题”按钮代码

(4) **制作其他题目**　选中所有图层的第 5 帧，按 F5 键，将“题目、单选按钮、导航、action”图层的帧都转换成关键帧。接着重复以上操作，制作其他选择题。

(5) **生成课件**　按 Ctrl+S 键，保存文件；按 Ctrl+Enter 键，测试并生成课件。

知识库

1. 组件

组件是带参数的影片剪辑，可以修改它们的外观和行为。使用组件时，即使对 AS 代码没有深入的理解，也可以用组件构建较复杂的 Flash 应用程序。

2. 单选按钮参数

单选按钮组件的参数面板如图 4-4 所示，选项卡中各参数介绍如下。

- data：与单选按钮相关的值。可以为 data 赋值，供动作代码调用。
- groupName：单选按钮的组名称。默认为 radioGroup。groupName 相同的一组单选按钮只有一个能被选中，这样就确保了同一组内不会出现复选的情况。
- label：设置 RadioButton 组件上的文本。默认值为 RadioButton(单选按钮)。
- Selected：将单选按钮的初始值设置为被选中(true)或取消选中(false)。被选中的单选按钮中会显示一个圆点，一个组内只有一个单选按钮可以表示被选中的值 true。

3. 赋值语句

在“mydata = evt.target.selection.data;”语句中，“=”号表示把其后面的值赋给其前面的变量 mydata。在 ActionScript 语句里，“=”不再是“等于”的意思，而是赋值。如：“a=3”，表示把 3 赋值给变量 a。

4. 选择结构

选择结构的基本格式如下。

```
If（如果）条件（为真） Then（那么）
        （运行）语句组 1
Else(否则)
        （运行）语句组 2
```

在语句“If 条件 Then ”中，条件指的是关系表达式或逻辑表达式，当条件表达式的值为真(True)时运行语句组 1，否则运行语句组 2。Else 部分根据需要可以省略。

5．关系表达式

关系表达式是用关系运算符连接起来的式子，关系运算符如表 5-1 所示。

表 5-1　关系运算符

运算符号	==	>	>=	<	<=	！=
含义	等于	大于	大于等于	小于	小于等于	不等于

6．关系表达式的值

当关系表达式成立时，其值为真(True)，否则为假(False)；关系表达式的值不是数值型，也不是字符型，而是一种新的数据类型——逻辑型。逻辑型只有真(True)和假(False)两个可能值。如关系表达式 2==4 的值为假，3<5 的值为真。

4.1.2　制作多项选择题课件

多项选择题也是选择题的一种题型，它由一个题干和若干个答案选项组成，正确答案是答案选项中的一个或多个，多选或少选都不对。

实例 2　力学知识练习

“力学知识练习”是初中《物理》力学部分的习题课课件，这里以制作此课件的第 1 题为例，介绍多项选择题的制作方法，课件第 1 题效果图如图 4-12 所示。

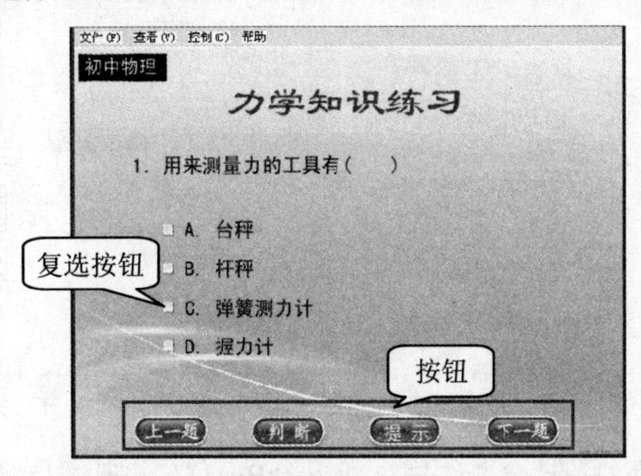

图 4-12　“力学知识练习”课件首页效果图

本实例将着重介绍利用 AS 代码制作多项选择题。在制作时首先要在舞台上布置好题干和 4 个答案选项，然后放置复选按钮、导航按钮、反馈元件及操作提示元件，最后为各按钮添加 AS 代码，以完成相应的功能。

布置舞台

在舞台上布置题干、答案选项、复选按钮、导航按钮、反馈元件及操作提示元件。

跟我学

(1) **打开初始课件** 运行 Flash 软件，打开初始课件“力学知识练习”。

(2) **制作题目** 新建“题目”图层，制作选择题的题目和答案选项，效果如图 4-13 所示。

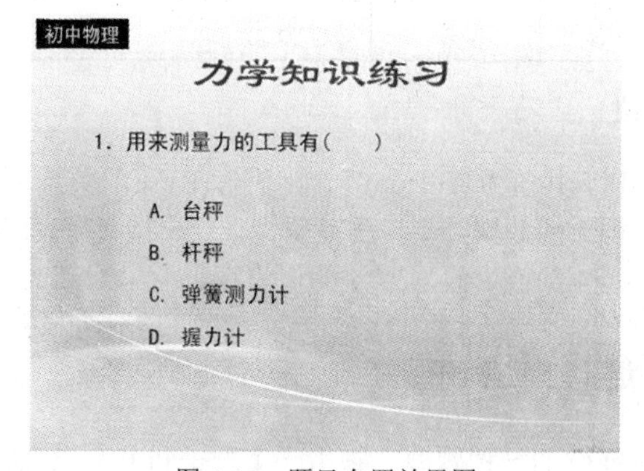

图 4-13 题目布置效果图

(3) **添加复选按钮** 新建“复选按钮”图层，选择“窗口”→“组件”命令，按图 4-14 所示进行操作，在舞台上添加复选按钮“CheckBox1”。

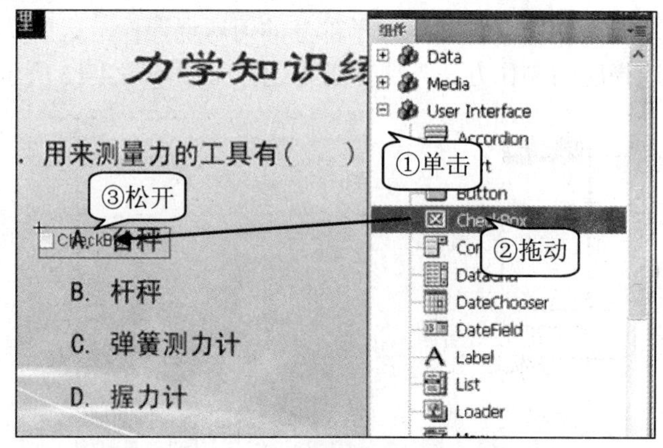

图 4-14 添加复选按钮

(4) **修改复选按钮属性** 选中复选按钮“CheckBox1”，按图 4-15 所示进行操作，修改其实例名称为“a1”，label 参数值为空。

图 4-15　修改复选按钮属性

(5) **添加其他选项按钮**　重复操作步骤(3)和(4)，分别在 B、C、D 3 个选项前添加复选按钮，并分别修改它们的实例名称为“b1”、“c1”和“d1”。

(6) **添加反馈元件**　新建“反馈”图层，从“库”面板中拖入“正确反馈”和“错误反馈”元件至舞台的适当位置，并分别修改其实例名称为“dui”和“cuo”。

在一些课件源程序中已有的元件，可直接从库中复制过来使用，从而省时省力。如这里用到的反馈元件和按钮元件。

(7) **添加导航按钮**　新建“导航”图层，从“库”面板中把“上一题”、“下一题”、“判断”和“提示”按钮元件拖放到舞台下方并排列好，效果如图 4-16 所示。

图 4-16　导航按钮效果图

(8) **创建提示元件**　新建影片剪辑元件，命名为“t1 操作提示”，从“库”面板中拖入“底框”元件，新建图层，输入提示内容，并设置格式，效果如图 4-17 所示。

(9) **添加提示元件**　新建“提示”图层，把“t1 操作提示”元件从“库”面板中拖放到舞台的适当位置，并修改其实例名称为“tishi1”，效果如图 4-18 所示。

本题正确答案为
C、D两项，多选、少
选均不得分。

图 4-17　“提示”元件效果图

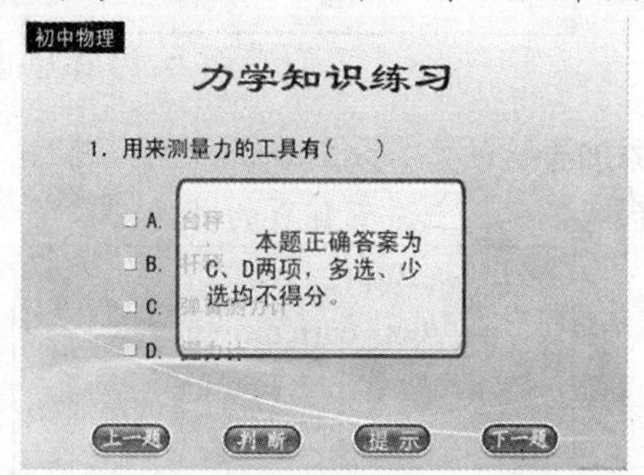

图 4-18　将“提示”元件添加到舞台效果图

添加动作

添加隐藏操作提示板的代码，并为导航栏各按钮添加动作代码，以完成相应的功能。

(1) **添加隐藏提示代码** 新建“action”图层，在第1帧添加如图4-19所示的代码，完成停止播放和隐藏操作提示板的功能。

```
tishi1._visible = 0;     //使“tishi1”元件不可见，反之，_visible = 1 表示元件
                         可见
stop( );
```

图4-19 隐藏“tishi1”元件代码

(2) **添加判断动作** 右击“判断”按钮，添加动作，代码如图4-20所示。

```
on (release) {
   if (a1.selected = = 0&& b1.selected = = 0 &&
       c1.selected = = 1 && d1.selected = = 1) {
       dui.play( );      //实例 c1 和 d1 同时被选中，播放正确反馈
   } else {
       cuo.play( );      //否则，播放错误反馈
   }
}
```

图4-20 添加判断动作代码

判断动作代码设定为，有且只有c1、d1被选中时才会播放正确反馈，否则播放错误反馈。即本题答案设定为C和D两项。

(3) **添加提示动作** 右击“提示”按钮，添加动作，代码如图4-21所示。

```
on (release) {
    tishi1._visible = (tishi1._visible+1)%2;
}          //每按一次按钮，实现“tishi1”元件显示与隐藏之间的切换
```

图4-21 添加提示动作代码

(4) **添加导航动作** 分别右击“上一题”、“下一题”按钮，添加如图4-22所示的动作代码，完成上、下翻页的功能。

```
on (release) {
   if (_root._currentframe>1)
       _root.prevFrame( );
}
```

```
on (release) {
   if (_root._currentframe<8)
       _root.nextFrame( );
}
```

图4-22 添加“上一题”和“下一题”按钮代码

(5) **生成课件** 按Ctrl+S键，保存文件；按Ctrl+Enter键，测试并生成课件。

知识库

1. 逻辑表达式

在 AS 语言里，将多个关系式用逻辑运算符连接起来的式子称为逻辑表达式，其运算值仍为逻辑型。逻辑运算符包括以下 3 个。

- !(非)，取操作数相反的值。即当操作数为真(True)时，结果为假(False)；当操作数为假(False)时，结果为真(True)。如：!(3>7)的值为 True。
- &&(与)，并且的意思，只有两个操作数都为真时，结果才为真。如：(3<8)&& (5<10)的结果为 True；(3<8) && (5>10)的结果为 False。
- ||(或)，或者的意思，只有两个操作数都为假时，结果才为假。如：(2>4)|| (4<8)的值为 True，(2>4) || (4>8)的值为 False。

2. 运算符“%”

在 AS 代码中，“a % b”的值为 a 除以 b 所得的余数。如 5%2=1；10%2=0。文中“tishi1._visible = (tishi1._visible+1)%2;”语句表示，释放按钮后，如果 tishi1._visible 的当前值为 1，tishi1._visible+1 的值就是 2，用 2 取余后就变成了 0，并重新赋值给变量 tishi1._visible。同理，如果 tishi1._visible 的当前值为 0，释放按钮后就会变成 1，从而实现提示板的显示/隐藏切换。

创新园

在 Flash 中打开“氧化还原反应”课件，课件第 1 帧和第 2 帧的舞台上分别设计有单项和多项选题，效果如图 4-23 所示，请完成以下操作。

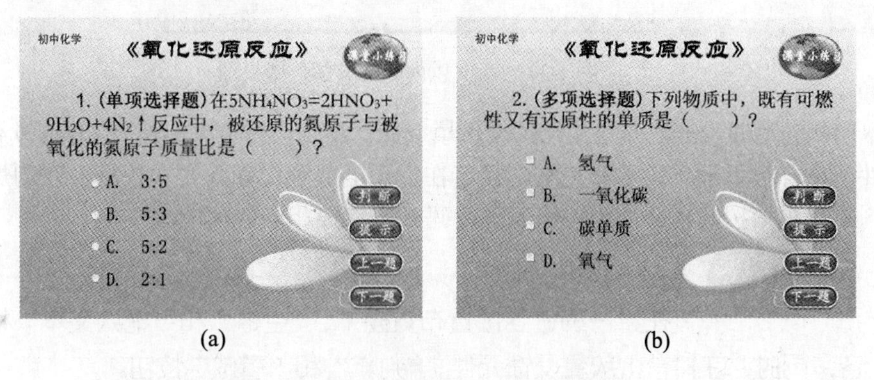

(a)　　　　(b)

图 4-23　“氧化还原反应”选择题效果图

(1) 在这两帧的适当位置分别添加单选按钮和复选按钮组件，并修改控件属性。

(2) 为“action”图层的第 1 帧添加代码，完成选择 A 时显示正确反馈的功能；为第 2 帧的“判断”按钮添加代码，使得有且只有选中 A、C 时，才会显示正确反馈，多选或少选都会显示错误反馈。

4.2 制作填空题和判断题课件

填空题和判断题都是常见的练习题型，在课件中制作这两种题型，可以通过动画展示和编写AS代码的方法来实现。本节将介绍利用添加AS代码的方法实现这两种题型的制作。

4.2.1 制作填空题课件

填空题是习题中的一种常见题型。通常是题目中留出空格，使作答者填入与题干相符的内容，然后，根据提供的正确答案对所填内容做出判断。

实例3 20以内数的分解

课件“20以内数的分解”是小学2年级《数学》的教学内容，课件第1帧的舞台上设计有填空题，效果如图4-24所示。

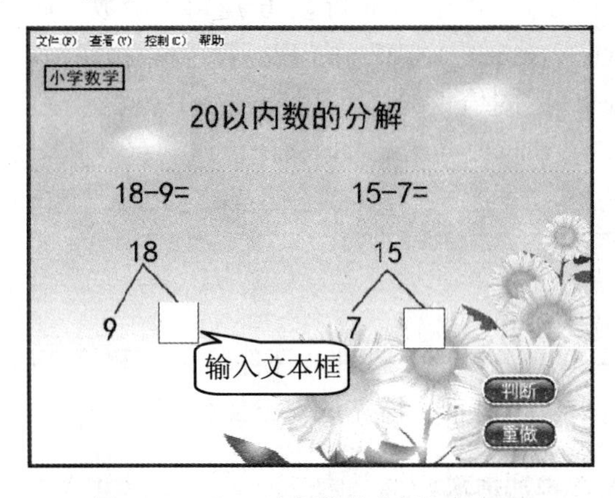

图4-24 “20以内数的分解”效果图

本实例将着重介绍利用AS代码制作填空题。在制作时首先要运行Flash软件，打开初始课件，在舞台上放置题干和空格，接着在空白处放置“输入文本”框，在幻灯片右下部放置判断和重做按钮，最后为按钮添加代码，以完成相应的功能。

布置舞台

在舞台的适当位置布置题干、“空格”和“输入文本”框等内容，同时，在舞台上放置反馈元件、“判断”和“重做”按钮。

(1) **打开初始课件** 运行Flash软件，打开初始课件“20以内数的分解”。

(2) **制作题目**　新建“题目”图层，利用“文本”工具 T 完成题目文字内容的输入，并设置字体、字号及排列对齐，效果如图 4-25 所示。

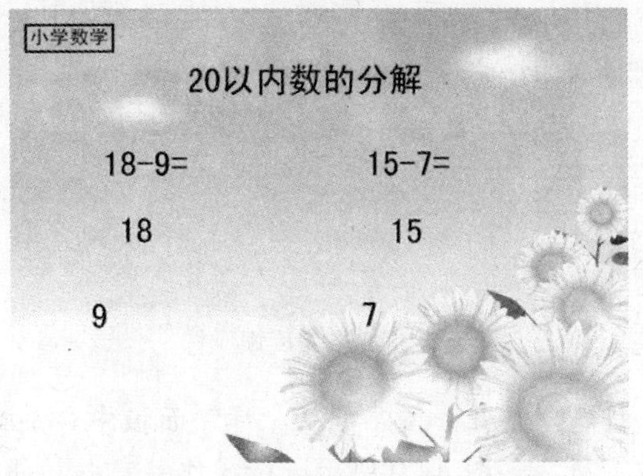

图 4-25　题目文字内容放置效果图

(3) **绘制分解图形**　新建“分解图”图层，在舞台的适当位置用“线条”工具和“矩形”工具绘制图形，其属性设置为实线、红色、笔触高度 2，效果如图 4-26 所示。

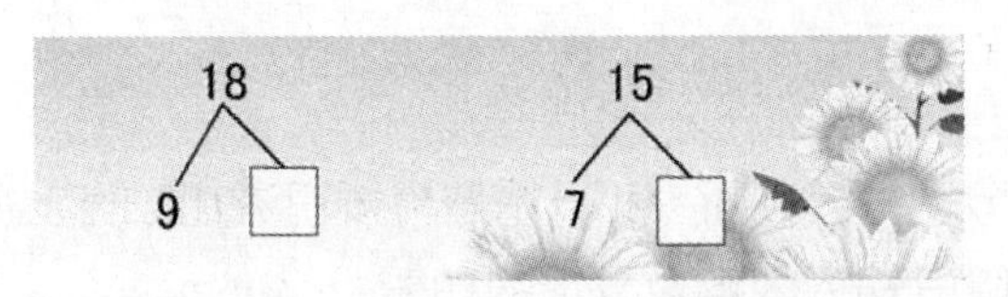

图 4-26　题目文字内容放置效果图

(4) **添加输入框**　新建“输入框”图层，按图 4-27 所示进行操作，完成“输入文本”框的添加，并将其实例名称修改为 k1。同理，完成第 2 个“输入文本”框名称为 k2 的制作。

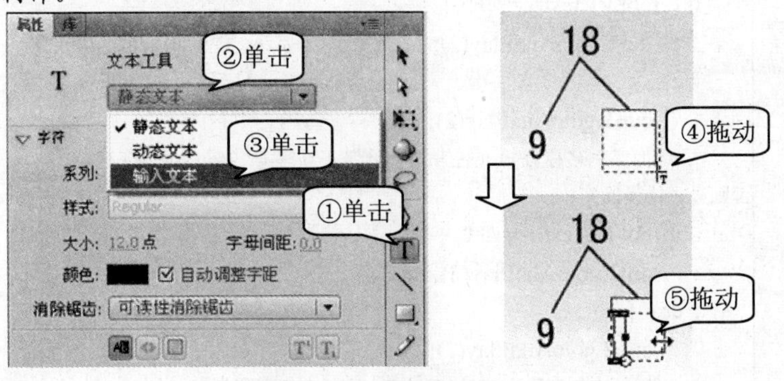

图 4-27　添加输入文本框

“输入文本”框的作用是提示作答者输入答案，然后通过实例名称 k1 将输入内容传递给 AS 程序代码，用以判断所填内容的正误。

(5) **添加反馈元件**　新建“反馈”图层，把“笑脸”和“哭脸”元件拖放到舞台上，并分别修改它们的实例名称为“dui1”、“cuo1”、“dui2”和“cuo2”，如图 4-28 所示。

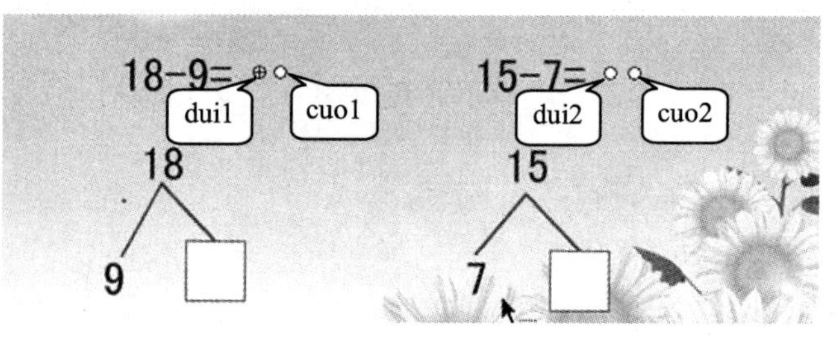

图 4-28　添加反馈元件

(6) **添加按钮元件**　新建“按钮”图层，从“库”面板中分别拖放“判断”和“重做”按钮至舞台的右下角，如图 4-29 所示进行操作，完成功能按钮的添加。

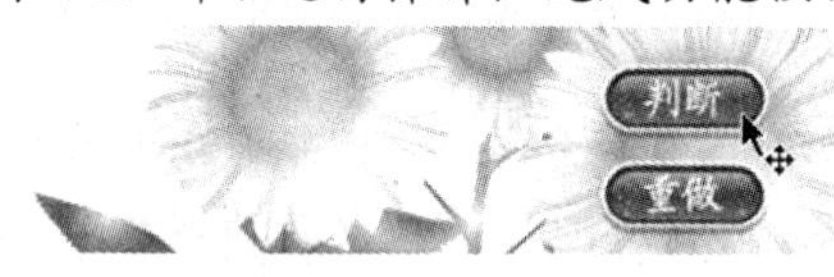

图 4-29　添加按钮元件

添加动作

分别为**“判断”**和**“重做”**按钮添加动作，完成判断填写的内容是否正确、清除已输入内容及反馈的功能。

(1) **添加判断动作**　为“判断”按钮添加动作，输入图 4-30 所示的程序代码，完成判断功能。

```
on (release) {
    if (_root.k1.text= = "9") {
        dui1.gotoAndPlay(2);
    } else {
        cuo1.gotoAndPlay(2);
    }  //如实例名称为 k1 的空填写内容是正确答案“9”，则显示正确反馈，
否则显示错误反馈
    if (_root.k2.text = = "8") {
        dui2.gotoAndPlay(2);
    } else {
        cuo2.gotoAndPlay(2);
    }  //判断实例名称为 k2 的空填写内容是否为正确答案“8”
```

图 4-30　判断动作代码

dui1.gotoAndPlay(2)的意思是播放实例名称为“dui1”的影片剪辑，并从其第 2 帧开始播放

(2) **添加重做动作**　为“重做”按钮添加动作，输入图 4-31 所示的程序代码，完成清除已填文本和反馈信息，以便重做本题。

```
on (release) {
    k1.text = " ";              //清空实例名称为 k1 的“输入文本”框
    k2.text = " ";
    cuo1.gotoAndStop(1);    //隐藏反馈
    dui1.gotoAndStop(1);
    cuo2.gotoAndStop(1);
    dui2.gotoAndStop(1);
}
```

图 4-31　添加重做动作代码

(3) **生成课件**　按 Ctrl+S 键，保存文件；按 Ctrl+Enter 键，测试并生成课件。

1．输入文本类型

在 Flash CS4 中，文本类型可分为静态文本、动态文本和输入文本 3 种。其中，输入文本是在动画播放过程中，提供用户输入文本，实现用户与动画的交互。它允许用户在空的文本区域中输入文字，用于填充表格、选择答案和输入密码等。

2．跳转到某一帧或场景

要跳转到课件中的某一特定帧或场景，可以使用 goto 动作。当课件跳到某一帧时，可以选择参数来控制是从这新的一帧开始播放还是在这一帧停止。goto 动作在“动作”工具栏里可作为两个动作列出，即 gotoAndPlay 和 gotoAndStop。例如，“gotoAndPlay(30);”表示将播放头跳到第 30 帧，并开始播放；“gotoAndStop(_currentframe+5);”表示将播放头跳到该动作所在帧之后的第 5 帧，并停止播放。

4.2.2　制作判断题课件

判断题是一种以对或错来进行选择答案的题型。一般表现为写出一句话，然后要求在其后面的括号内打上“√”或“×”，其实质是只有两个选项的单项选择题。在这里，将介绍另外一种通过添加 AS 代码的方法制作的判断题。

实例 4　生活中的化学小常识

课件“生活中的化学小常识”是初中《化学》内容，课件在每一帧设计中有 1 道判断题，每道题目的下面有一个“√”按钮和一个“×”按钮，通过单击“√”或“×”按钮来提交答案，课件会及时给出反馈，效果如图 4-32 所示。

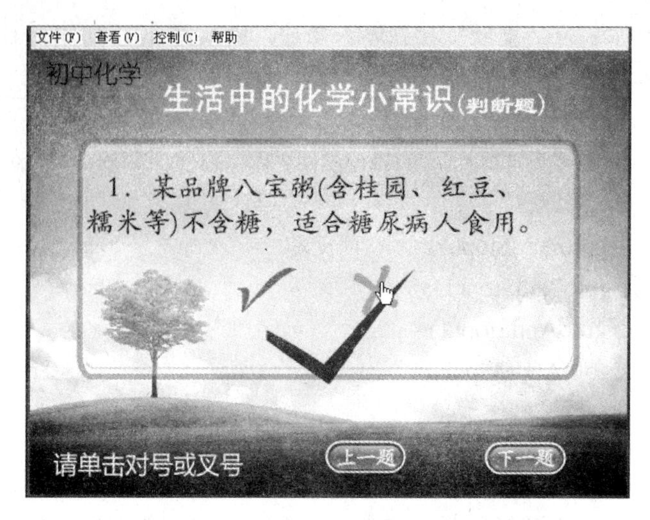

图 4-32　课件“生活中的化学小常识”效果图

本实例中将着重介绍添加选项按钮，以及用 AS 代码来制作判断题。在制作时首先要在舞台上输入判断题题目，然后在每题下面从“库”面板中拖入对号按钮、叉号按钮、正确反馈和错误反馈等元件，最后为对号按钮和错误按钮添加 AS 代码。

跟我学

布置舞台

在舞台的适当位置布置判断题，在题目的下面拖入对号按钮、叉号按钮和正确反馈、错误码反馈等元件。

(1) **打开初始课件**　运行 Flash 软件，打开初始课件“生活中的化学小常识”。

(2) **制作题目**　新建“题目”图层，利用“文本”工具 T 来完成题目文字内容的输入，并设置字体和字号，效果如图 4-33 所示。

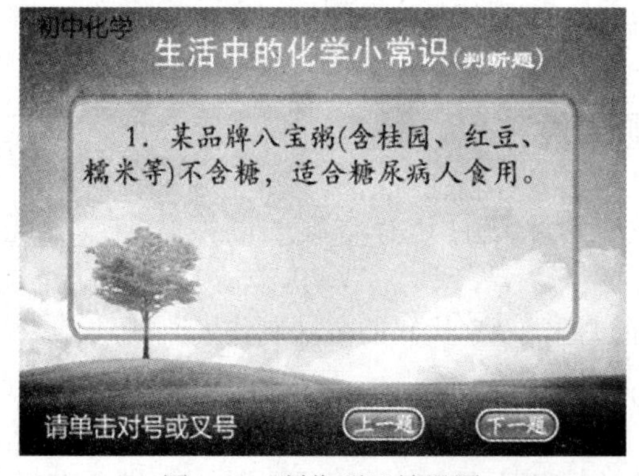

图 4-33　制作题目效果图

(3) **添加选项按钮**　新建“选项”图层，从“库”面板中拖入“对号按钮”和“叉号按钮”，供作答时选择，效果如图 4-34 所示。

图 4-34　添加选项按钮效果图

(4) **添加反馈元件**　新建“反馈”图层，从“库”面板中拖入“正确反馈”和“错误反馈”元件，并修改它们的实例名称为“dui”和“cuo”，效果如图 4-35 所示。

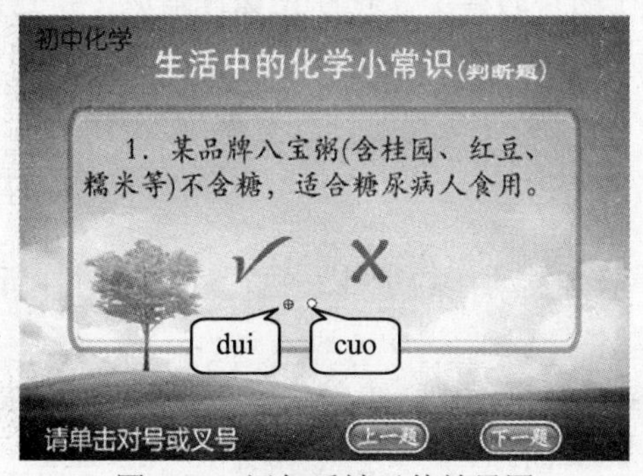

图 4-35　添加反馈元件效果图

(5) **制作其他题目**　选中所有图层的第 5 帧，按 F5 键，然后将“题目”和“选项”两图层的 1～5 帧转换成关键帧，重复操作步骤(2)和(3)完成其他题目的制作。

添加动作

为第 1 帧添加停止播放动作；每题下面的“对号”和“叉号”按钮为添加的判断动作。

(1) **添加停止动作**　新建“action”图层，在第 1 帧添加代码“stop();”，使课件在播放时停止在第 1 帧(即停止课件播放)。

(2) **添加选项动作**　单击“选项”图层的第 1 帧，分别右击“对号按钮”和“叉号按钮”添加动作，添加选项动作的代码如图 4-36 所示，完成对第 1 小题选择答案的判断。

on (release) {
　cuo.play();
}　//释放鼠标时，播放错误反馈
	on (release) {
	　dui.play();
	}　//释放鼠标时，播放正确反馈

图 4-36　第 1 小题“对号按钮”和“叉号按钮”代码

题目的正确答案如果是“对号”，就为“对号按钮”添加播放正确反馈的代码，反之则为“叉号按钮”添加播放正确反馈的代码。

(3) **完善其他各题** 重复操作步骤(2)，根据各小题的正确答案情况，为它们添加动作代码。

(4) **生成课件** 按 Ctrl+S 键，保存文件；按 Ctrl+Enter 键，测试并生成课件。

知识库

1．播放和停止课件

除非另有命令指示，否则课件一旦开始播放，它就要把时间轴上的每一帧从头播到尾。这时，用户可以通过使用 play 和 stop 动作来开始或停止播放课件。

例如，可以使用 stop 在场景的第 1 帧就停止课件播放，一旦停止播放，必须通过使用 play 动作来明确指示重新开始课件播放，或者通过“上一帧”和“下一帧”代码进行跳转播放头的位置。

2．交互的要素

Flash 交互的 3 要素，即触发动作的事件、执行动作的事件所影响的主体(目标)，以及事件所触发的动作。

如 on (release) {cuo.play( ); }语句中，事件为释放鼠标，控制的目标是“cuo”实例，其动作为播放名称为“cuo”的实例。

- 常见的事件有 press(按下鼠标按键时，触发动作)、release(释放鼠标按钮时，触发动作)或按下某指定键盘按键时触发动作发生。
- 事件控制的目标主要有当前课件中的实例、时间线及外部应用程序。
- 动作又称代码指令，它能引导程序执行指定的任务。一个事件可以触发多个动作，且各个动作可以在不同的目标上同时执行。

创新园

在 Flash 中打开“正方形”课件，课件第 1 帧和第 2 帧在舞台上分别设计为填空题和判断题，效果如图 4-37 所示，请完成以下操作。

(1) 在填空题的空白处添加“输入文本”框，并分别修改其实例名称为 kong1 和 kong2，接着为“判断”按钮添加动作(提示：空白处的正确答案分别为“直角”和“4”)。

(2) 为判断题的第 2 小题添加选项按钮，并添加动作代码对所选答案给出相应的反馈(提示：正确答案为“ √ ”号)。

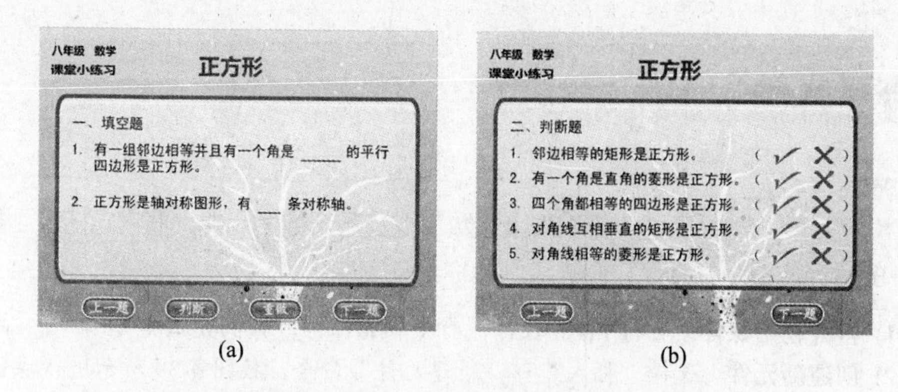

(a)　　(b)

图 4-37　课件“正方形”中的填空题和判断题效果图

4.3　制作拖拽题和连线题课件

拖拽题和连线题也是课件中常见的练习题型。本节将介绍利用编写AS代码的方法来实现这两种题型的制作。

4.3.1　制作拖拽题课件

拖拽题是 Flash 在制作交互型课件方面的一大优势。一般情况下，拖拽题会给出一些拖拽目标区域和一批拖拽对象，按题目要求把拖拽对象拖放到相应的区域中。

实例 5　奇偶数归类

课件“把下面的数按奇偶性质归类”是参照小学《数学》教材相关内容而制作的。课件要求把数字按奇偶性拖放到相应的目标对象上，效果如图 4-38 所示。

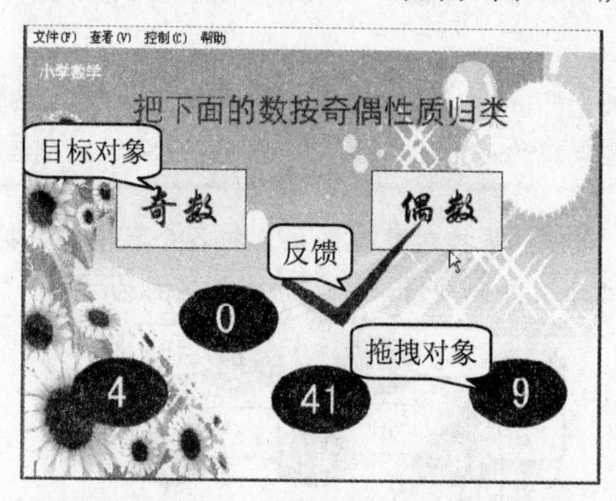

图 4-38　课件“把下面的数按奇偶性质归类”效果图

本实例主要介绍拖拽题的制作方法，首先制作各目标对象、各拖拽对象和反馈等元件，并分别修改它们的实例名称，然后为各拖拽对象添加动作代码。

布置舞台

新建“奇数”、“偶数”以及各个数字元件，把它们拖放到舞台的适当位置，并修改它们的实例名称。

(1) **打开初始课件** 运行 Flash 软件，打开初始课件“奇偶数归类”。

(2) **创建新元件** 选择“插入”→“新建元件”命令，按图 4-39 所示进行操作，创建类型为影片剪辑的“奇数”元件。同理，创建“偶数”、“0”和“4”等元件。

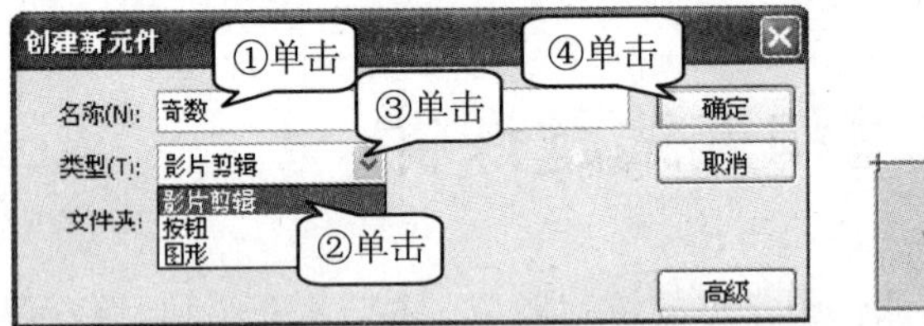

图 4-39 课件“奇偶数归类”效果图

(3) **布置题目** 新建“题目”图层，把“奇数”、“偶数”元件拖放到舞台的适当位置，效果如图 4-40 所示，并修改“奇数”和“偶数”的实例名称为“jishu”和“oushu”。

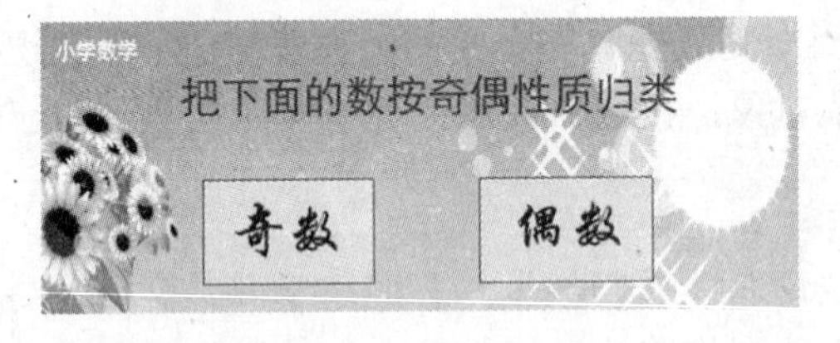

图 4-40 “奇数”和“偶数”元件布置效果图

对“奇数”和“偶数”进行实例重命名，是为了后面添加 AS 代码做准备，通过“jishu”和“oushu”实例名称把碰撞到的对象传递给程序代码。

(4) **布置拖拽对象** 新建“拖拽对象”图层，把各个数字元件拖放到舞台的适当位置，效果如图 4-41 所示，并分别修改它们的实例名称为“a”、“b”、“c”、“d”和“e”。

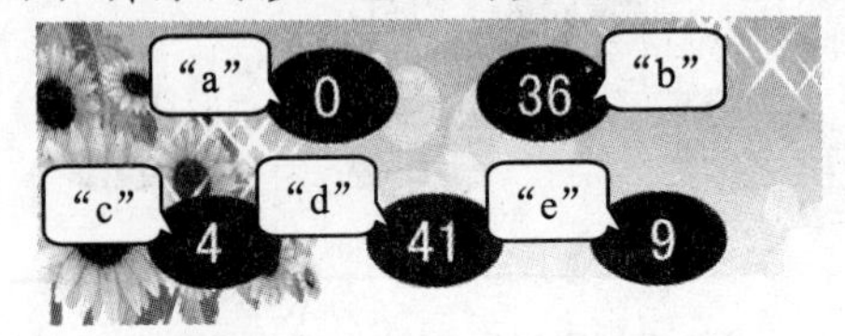

图 4-41 布置拖拽对象效果图

(5) **添加反馈元件** 新建“反馈”图层，把“正确反馈”和“错误反馈”元件拖放到舞台的适当位置，效果如图 4-42 所示。

(6) **添加重做按钮**　新建“重做”图层，把“重做”按钮拖放到舞台的右下角。至此，整个舞台就布置完成了，效果如图 4-43 所示。

图 4-42　添加反馈元件

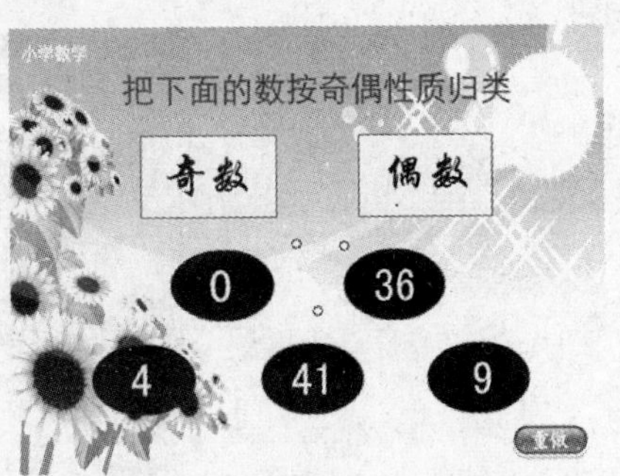

图 4-43　课件舞台布置效果图

添加动作

为各拖拽对象元件和重做按钮添加 AS 动作代码，以完成相应的功能。

(1) **添加拖拽动作**　右击标有数字“0”实例名称为“a”的元件，添加如图 4-44 所示的代码，实现拖拽此对象，并判断此对象是否被拖到了正确答案所指定的区域。

```
on (press)
 {
  startDrag(this);       //按下鼠标左键，开始拖拽此对象
 }
on (release)
 {
  stopDrag( );           //释放鼠标，停止拖拽
  if (this.hitTest(_root.oushu)) //测试与实例“oushu”是否碰撞了
      {
      _root.dui.play( );       //成功碰撞指定实例，则播放正确反馈
      this._visible = 0;       //隐藏此拖放对象
      } else
      {
      _root.cuo.play( );   //否则，没碰撞到指定正确实例，反馈错误
      this._x = 145;       //然后，拖拽对象回到起始位置。
      this._y = 200;       //这里的 x，y 值指的是此对象的横向和纵向坐标
      }
 }
```

图 4-44　添加拖拽动作代码

(2) **添加其他对象的动作**　分别右击各数字元件，重复第(1)步的操作，并把

“this.hitTest(_root.oushu)”语句中的“oushu”修改为应该碰撞的实例名称，并把 x，y 值修改为该对象的初始坐标值。选中某元件，通过属性面版查看其坐标，如图 4-45 示。

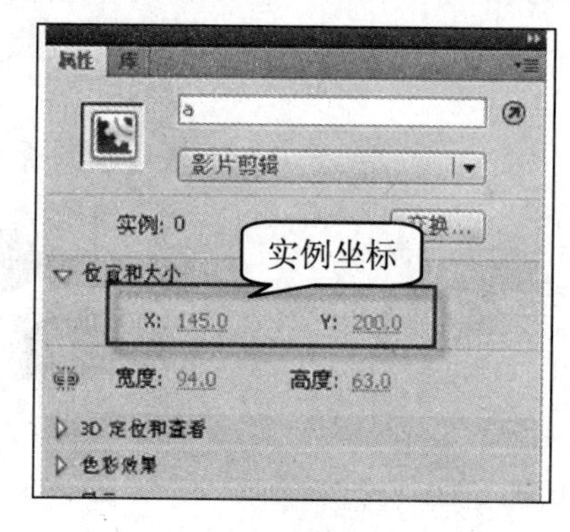

图 4-45　实例对象的坐标位置

如果某个数是奇数，“this.hitTest(_root.oushu)”代码中的“oushu”就应修改为“jishu”，意思是只有把该数拖到“奇数”区域才正确。

(3) **添加重做动作**　为“重做”按钮添加如图 4-46 所示的代码，完成被拖拽对象回到原来位置并显示出功能。

```
on (release) {          //释放鼠标，各实例对象回到起始坐标位置、
    _root.a._x = 145; _root.a._y = 200;
    _root.b._x = 305; _root.b._y = 200;
    _root.c._x = 70;  _root.c._y = 285;
    _root.d._x = 230; _root.d._y = 285;
    _root.e._x = 385; _root.e._y = 285;
                        //释放鼠标时，各实例对象不再隐藏，而显示出来
    _root.a._visible = 1;     _root.b._visible = 1;
    _root.c._visible = 1;     _root.d._visible = 1;
    _root.e._visible = 1;
}
```

图 4-46　“重做”的 AS 代码

优化课件

在主场景中添加“计数器”初始化代码，接着创建鼓掌剪辑元件，修改“正确反馈”元件代码，实现如果全部拖对了就播放鼓掌影片。

(1) **初始化计数器**　新建“action”图层，在第 1 帧中添加代码“jishuqi = 0;”完成定义一个变量叫做“jishuqi ”，并给它赋初值为 0。

(2) **创建鼓掌元件**　新建“鼓掌”影片剪辑，从第 2 帧添加“zhangsheng.mp3”声音和制作鼓掌动画，并在第 1 帧中添加停止语句，操作界面如图 4-47 所示。

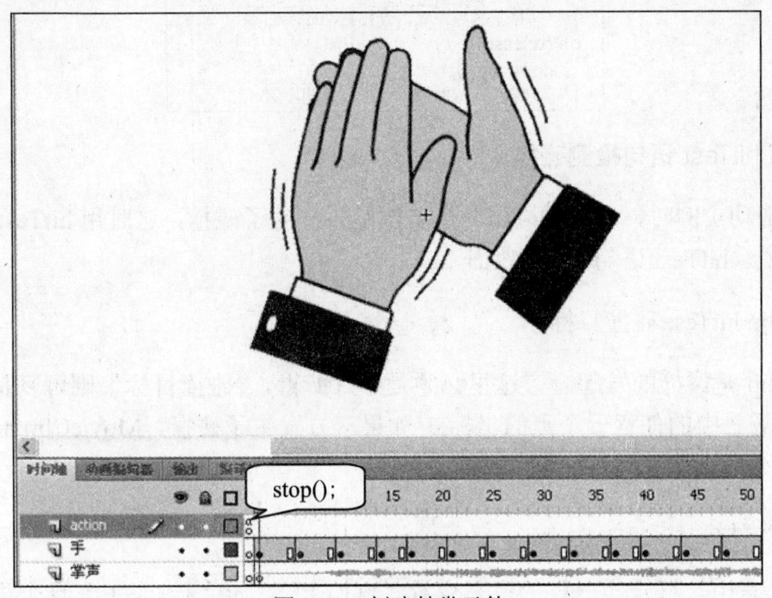

图 4-47　创建鼓掌元件

(3) **添加鼓掌元件**　返回场景 1，把“鼓掌”元件拖放到舞台的适当位置，并修改其实例名称为“guzhang”。

(4) **修改“正确反馈”元件**　双击“正确反馈”元件，分别在其“action”图层的第 1 帧和最后 1 帧，添加如图 4-48 所示的代码。

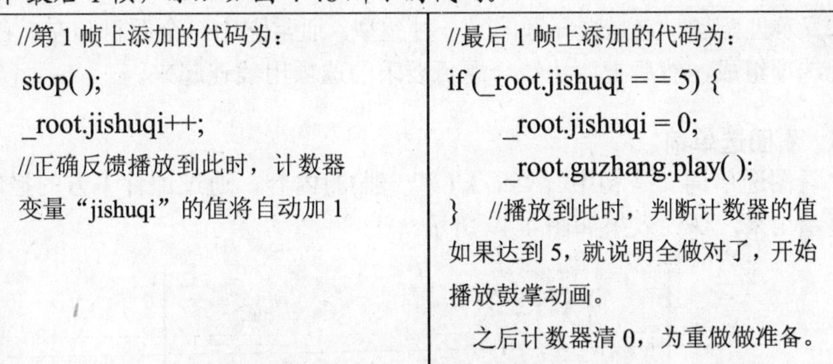

//第 1 帧上添加的代码为：	//最后 1 帧上添加的代码为：

stop( );
_root.jishuqi++;
//正确反馈播放到此时，计数器变量“jishuqi”的值将自动加 1
	if (_root.jishuqi = = 5) {
	_root.jishuqi = 0;
	_root.guzhang.play( );
	}　//播放到此时，判断计数器的值如果达到 5，就说明全做对了，开始播放鼓掌动画。
	之后计数器清 0，为重做做准备。

图 4-48　添加“正确反馈”元件代码

(5) **生成课件**　按 Ctrl+S 键，保存文件；按 Ctrl+Enter 键，测试并生成课件。

知识库

1．鼠标拖拽实例移动

将下面的代码添加到某影片剪辑实例中，即可实现对该影片剪辑实例的拖拽功能。按下鼠标左键可以拖动此实例，松开左键停止拖动，实例将停放在停止拖拽时的位置。

```
on (press) {
   startDrag(this);
}     //按下鼠标左键，开始拖动此实例
on (release) {
   stopDrag( );
}     //释放鼠标左键，停止拖动此实例
```

2. 利用 hitTest 语句检测碰撞

在制作拖动实例时，常常要检测两个实例是否发生了碰撞，这时用 hitTest 语句和 if 语句来共同实现。hitTest 语句的语法如下。

MovieClip.hitTest(碰撞目标)

MovieClip 是碰撞的发起者，这里必须是影片剪辑。“碰撞目标”则可以是影片剪辑、按钮或位置(场景中的任意一个点的坐标)。如果双方发生了碰撞，MovieClip.hitTest(碰撞目标)的返回值为 true(真)，反之则为 false(假)。

3. 运算符++

在 AS 语言中，符号“++”的意是变量“自加 1”。如“a=3;a++;”这个语句运行后变量 a 的值就变成了 4。即“a++”等价于“a=a+1”，“_root.jishuqi++”等价于“_root.jishuqi=_root.jishuqi+1”。同理，符号“– –”表示自减 1，如“a– –”等价于“a=a–1”。

4.3.2 制作连线题课件

连线题又称匹配题，它是选择题的又一种题型。通常它由一个题目和左、右(或上、下)若干个匹配选项组成，然后把两边符合题目要求的选项用线连起来。

实例 6 看图选单词

课件“看图选单词”是初中《英语》(第一册)的内容，通过课件下方的控制按钮，使连线逐一显示出来，课件效果如图 4-49 所示。

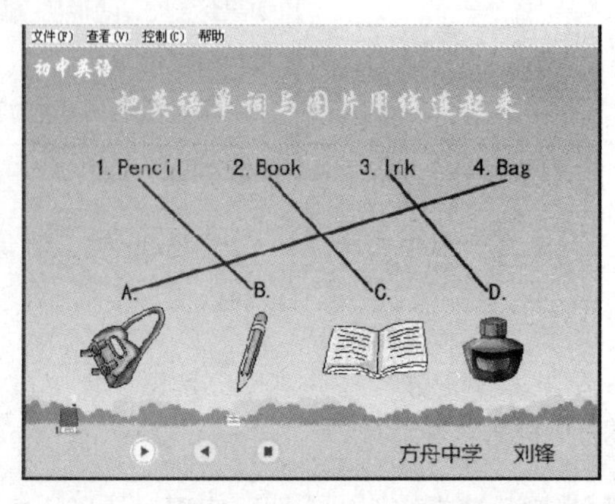

图 4-49 课件“看图选单词”效果图

在制作时首先在舞台上布置上、下两边的匹配选项，添加控制按钮，其次把每条连线绘制在一个独立的图层上，最后为控制按钮添加动作。

布置舞台

使用文本工具输入上侧的 4 个选项，从库中拖入图片，布置连线题上、下两边的匹配选项，并绘制连线。

(1) **打开初始课件**　运行 Flash 软件，打开初始课件“看图选单词”。

(2) **制作匹配选项**　新建“题目”图层，利用“文本”工具 T 输入文字内容，从“库”面板中拖入图片，并排列对齐各单词和图片，完成匹配选项的布置，效果如图 4-50 所示。

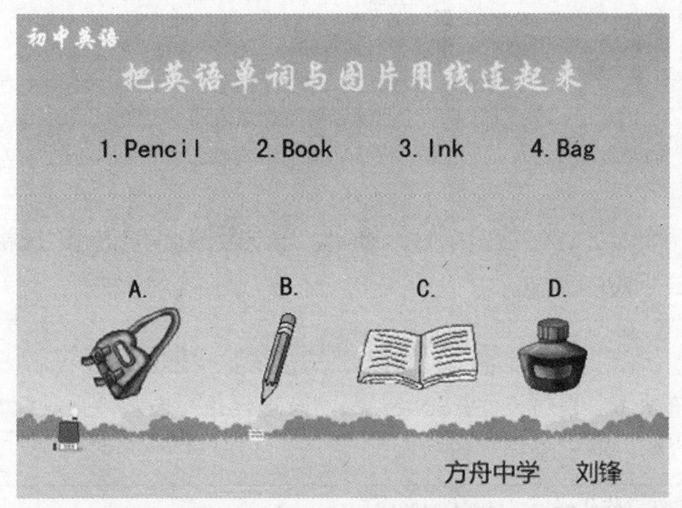

图 4-50　匹配选项布置效果图

(3) **添加控制按钮**　新建“按钮”图层，把开始按钮、后退按钮(开始按钮水平翻转)以及停止按钮布置在舞台上，效果如图 4-51 所示。

图 4-51　控制按钮布置效果图

(4) **绘制连线 1—B**　新建“1—B”图层，右击其第 2 帧，选择“插入关键帧”命令，选择“直线”工具 ╲ 在舞台上绘制“1.Pencil”至选项 B 的连线。

(5) **绘制其他连线**　重复第(4)步操作，分别在“2—C”图层的第 3 帧、“3—D”图层的第 4 帧、“4—A”图层的第 5 帧插入关键帧，并绘制相应的连线，效果如图 4-52 所示。

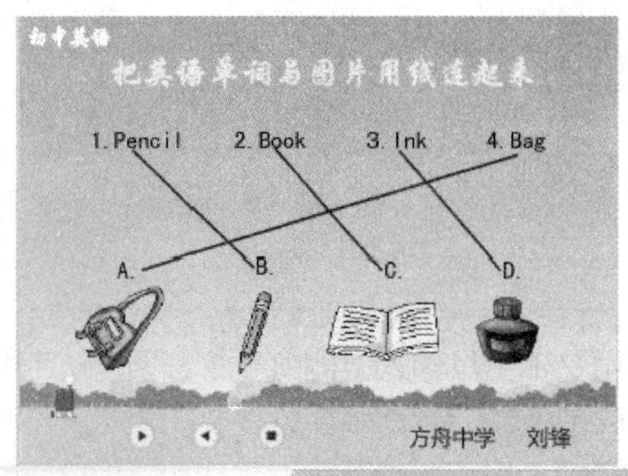

图 4-52　匹配选项布置效果图

添加动作

为场景的第 1 帧，开始、后退及停止等按钮添加相应的 AS 代码，以完成相应的功能。

(1) **添加停止动作**　新建“action”图层，右击第 1 帧添加动作代码“stop( );”语句。

(2) **添加按钮动作**　分别为“开始按钮”、“后退按钮”和“停止按钮”添加如图 4-53 所示的代码，以完成相应的功能。

开始按钮动作代码：

```
on (release) {
    gotoAndStop(_currentframe+1);
}  //释放鼠标，播放头前进 1 帧
```

后退按钮动作代码：

```
on (release) {
    gotoAndStop(_currentframe–1);
}  //释放鼠标，播放头后退 1 帧
```

停止按钮动作代码：

```
on (release) {
    gotoAndStop(1);
}  //释放鼠标，播放头停在第 1 帧
```

图 4-53　添加控制按钮动作代码

(3) **生成课件**　按 Ctrl+S 键，保存文件；按 Ctrl+Enter 键，测试并生成课件。

知识库

1．gotoAndStop( )语句

gotoAndStop([scene],frame)语句表示将播放头转到场景中指定的帧并停止在该帧。如果未指定场景，播放头则转到当前场景中的指定帧。其中各参数含义如下。

scene[可选]：一个字符串，指定播放头要转到其中某个场景的名称。

frame：表示播放头转到的帧的编号数字，或者表示播放头转到的帧标签的字符串。如“_currentframe”表示当前帧；“_currentframe+1”表示为当前帧的后一帧。

2．用绘图函数制作连线题

还可以利用 AS 程序提供的绘图函数设计制作交互式的连线题，其功能强大，效果逼真。但这种制作方法要求操作者对 AS 语言的把握能力较强，具体制作方法和案例介绍详见光盘。

在创新园中涉及另外一种制作连线题的方法，其方法、过程和原理类似拖拽题。

创新园

(1) 打开“世界气候类型”课件，创建各种气候类型答案元件，并把它们放置在舞台的下方，然后为它们添加动作代码，使得各气候类型元件拖拽到目标区域后不会消失，并给出反馈，效果如图 4-54 所示。

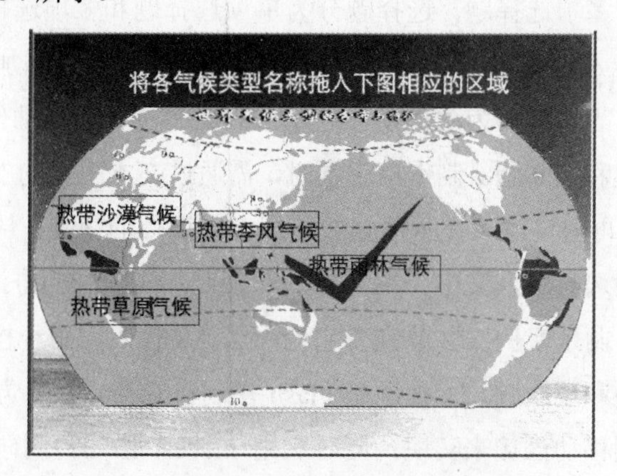

图 4-54　课件“世界气候类型”效果图

(2) 打开“诗词作者配对”课件，新建“连线”图层，把连线元件拖放到舞台下方(“线1”拖两次、“线 2”拖两次、“线 3”拖一次)，然后为它们添加动作代码，使得各条线连接两端选项时显示出正确或错误反馈，效果如图 4-55 所示(提示：右侧的选项被设定为“碰撞目标”，实例名称从上到下依次为“a1”、“a2”、“a3”、“a4”和“a5”)。

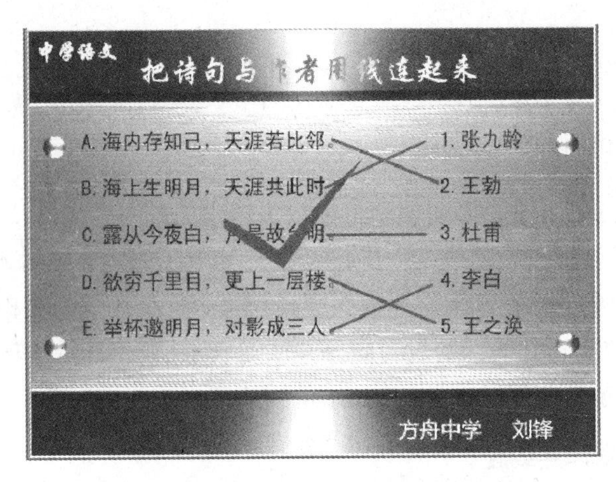

图 4-55　课件“诗词作者配对”效果图

4.4　小结和习题

4.4.1　小结

本章通过多个具体实例，详细介绍了利用 AS 代码制作练习型课件的过程、方法和技巧，具体包括以下主要内容。

- 制作单项和多项选择题。选择题分为单项选择题和多项选择题，在 Flash 课件制作中常用编写 AS 代码的方法进行制作，首先布置舞台，添加单选或复选按钮，并设置其属性值等，最后为动作帧、导航、判断等按钮添加动作。
- 制作填空题和判断题。制作填空题时，需通过文本工具的“输入文本”类型制作输入提示框，再通过输入提示框完成使用者与课件的交互；判断题其实质是只有两个选项的单项选择题，文中介绍了另外一种制作判断题的方法，即通过创建“对号”和“叉号”两个实例，并分别为它们添加 AS 代码，用于检测所选答案是否正确。
- 制作拖拽题和连线题。拖拽题是 Flash 在制作交互式课件方面的一大优势，一般采用拖拽实例移动语句来实现，同时利用 hitTest 语句检测碰撞，并把检测结果反馈给用户。文中介绍了利用动画播放的形式制作连线题，在制作时首先要通过制作好两侧的匹配选项，并添加控制按钮，其次把每条连线绘制在一个独立的图层上，最后为控制按钮添加“播放”和“停止”等相应的动作。在知识库里还介绍了利用绘图函数制作连线题的方法。

4.4.2 习题

一、选择题

1．在 Flash 课件中，某按钮的 AS 动作代码如下，其中“release”的意思是（ ）。

```
on(release){
    play();
}
```

A．按下按钮时，大括号中的语句就会被执行

B．释放按钮时，大括号中的语句就会被执行

C．按下按钮时，播放课件

D．释放按钮时，播放课件

2．下图为“氧化还原反应”课件单项选择题效果图，放映此课件时，只有在单击“A”选项前面的单选按钮时才会出现正确反馈。以下说法中错误的是（ ）。

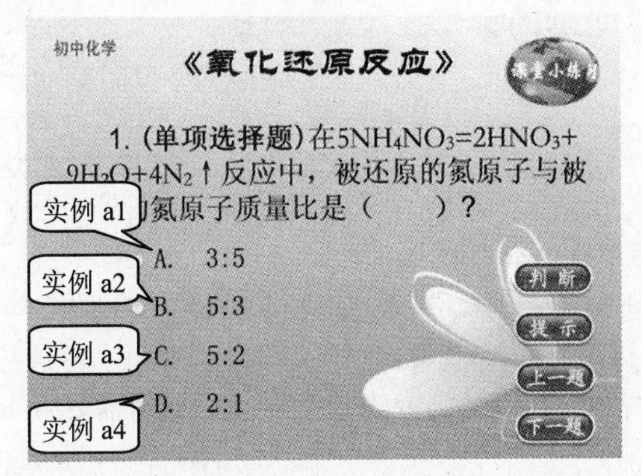

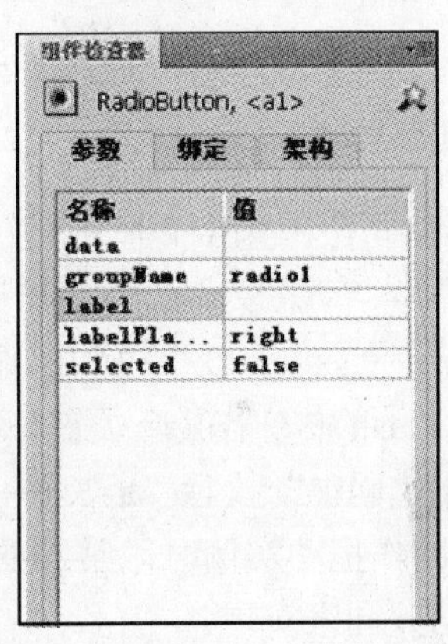

A．只有实例 a1 的“data”属性设置为 1，其余单选按钮的“data”属性设置为 0

B．实例 a1、a2、a3、a4 的“groupName”属性值应相同

C．本课件中，各单选按钮实例的“label”属性值为空

D．实例 a1 的“selected”属性应设置为“true”，因为“A”选项是正确答案

3．下面为某物理练习课件中填空题的一段帧动作，以下说法错误的是（ ）。

```
if (_root.k1.text= = "力矩")
  {
     dui.play( );   //播放正确反馈
  }
else
  {
     cuo.play( );   //播放错误反馈
  }
```

A．本填空题的正确答案是“力矩”

B．“==”在这里是关系运算符，意思为“等于”，所以写成“=”也是对的

C．“dui”、“cuo”是本课件中添加的两个反馈实例元件

D．“k1”是用以实现人与课件交互的“输入框”的实例名

4．在 Flash 课件中，若使命名为“lingxing”的实例拖拽时随鼠标移动，需要为实例“lingxing”添加的动作是(　　)。

A．on(press){ startdrag(this) ;}

B．on(press){ start("lingxing",true) ;}

C．on(press){ drag("lingxing",true) ;}

D．on(press){ stopdrag(this) ;}

5．在制作 Flash 课件时，想通过释放按钮使播放头从当前帧向后跳转 5 帧，并停止播放，其按钮的动作为(　　)。

A．on(release){gotoAndStop(_currentframe+5);}

B．on(release){gotoAndPlay(_currentframe+5);}

C．on(release){gotoAndStop(_currentframe－5);}

D．on(press){gotoAndStop(_currentframe+5);}

二、判断题

1．在制作填空题课件中，添加用于接收用户输入内容的“输入框”时，文本工具的类型需要设置为“动态文本”。　　(　　)

2．“star._visible = 0;”语句的作用是显示实例“star”。　　(　　)

3．在 Flash 中，若某个关键帧上有“a”字，表示已经给此帧设置了动作。　　(　　)

4．AS 代码中，执行“a=3;a++;”语句后，变量 a 的值为 4。　　(　　)

5．在制作拖动实例时，常常要检测两个实例是否发生了碰撞，这时需要用 hitTest 语句和 if 语句共同来实现。　　(　　)

三、问答题

1．在制作各类习题课件时，有哪些情况需要为实例命名？并举例加以说明。

2．利用 AS 动作代码制作拖拽题时，应注意哪些问题？简述其制作过程。

3．简述利用 AS 动作代码制作选择题、判断题和填空题时的异同点。

第 5 章

制作综合型课件

前面已系统介绍了使用 Flash 制作课件的方法和技巧，限于篇幅，其中的实例大多没有完整地介绍制作过程，为了能综合前面所学的知识，下面以课件“电生磁”为例，介绍完整制作 Flash 课件的方法，希望读者能够举一反三，制作出精美实用的课件。

该课件采用了义务教育课程标准试验教科书，八年级物理(下册)第九章“电与磁”部分的内容，整个课件包括“演示”、“探究”、“安培定则”和“练习”4 个部分。在制作时，首先要制作多个图形元件、影片剪辑和按钮元件，然后集成到主场景中，通过代码控制，将元件有机地组合起来而成为一个完整的课件。由于篇幅有限以及课件中有许多重复的操作，因此部分影片剪辑和图形元件的制作过程，请读者参照光盘中的实例来完成。

本章内容：

- 制作课件开头
- 制作课件主体
- 完善和测试课件

5.1 制作课件开头

制作一个完整的课件，首先要对课件进行规划，如版面的设计、交互的设计及内容的设计等，再对规划进行细化，具体到课件的制作、制作课件背景、课件的标题及课件的菜单。

5.1.1 制作课件背景

打开一个课件，给我们的第一印象就是选用的课件背景色调、课件画面的布局设计，以及课件菜单的设计等。制作课件背景时，色调不能过多，如图 5-1 所示为课件“电生磁”的背景，采用的主色调为淡黄色。

图 5-1 课件“电生磁”背景

课件“电生磁”在布局时分成上、中、下 3 个部分，上下两个部分用来显示课件信息(如课件的标题、菜单和制作等信息)，中间部分用来显示课件的主体内容。制作背景时，可分别制作上边框和下边框。

跟我学

制作下边框

运行 Flash CS4 软件，新建 Flash 文件(ActionScript3.0)。创建相关图层，再绘制下边框。

(1) **新建 Flash 文件** 运行 Flash CS4 软件，新建一个 Flash 文件，选择“修改”→“文档”命令，按图 5-2 所示进行操作，设置宽高为 640 像素×480 像素。

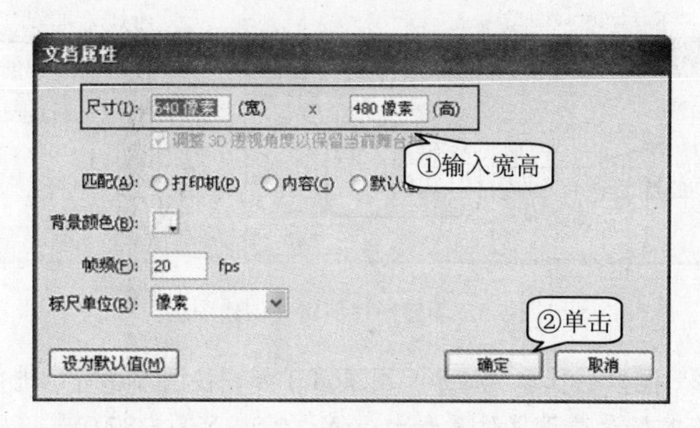

图 5-2　设置文档属性

(2) **新建“矩形”元件**　选择“插入”→“新建元件”命令，按图 5-3 所示进行操作，新建“矩形”元件。

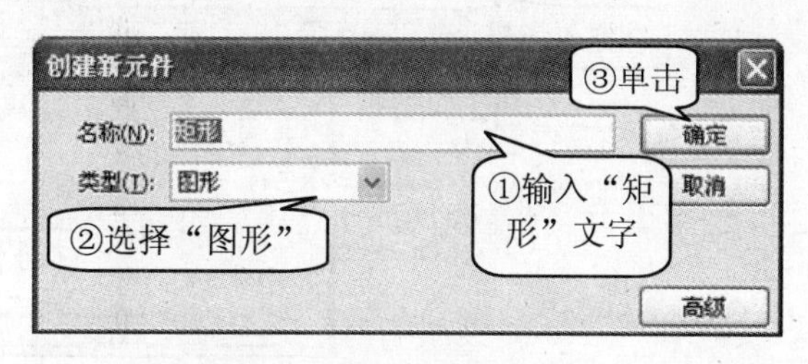

图 5-3　新建“矩形”元件

(3) **绘制矩形**　单击“矩形”工具按钮，按 Shift+F9 键，按图 5-4 所示进行操作，设置填充颜色，并绘制矩形。

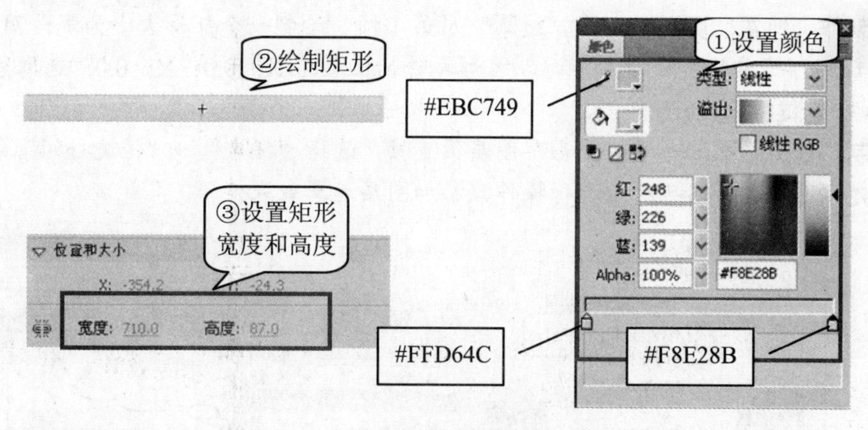

图 5-4　绘制矩形

(4) **新建影片剪辑**　选择“插入”→“新建元件”命令，按图 5-5 所示进行操作，新建“下边框”影片剪辑并创建图层。

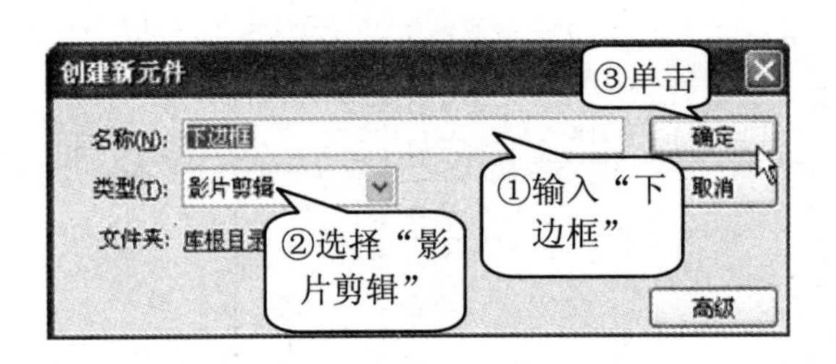

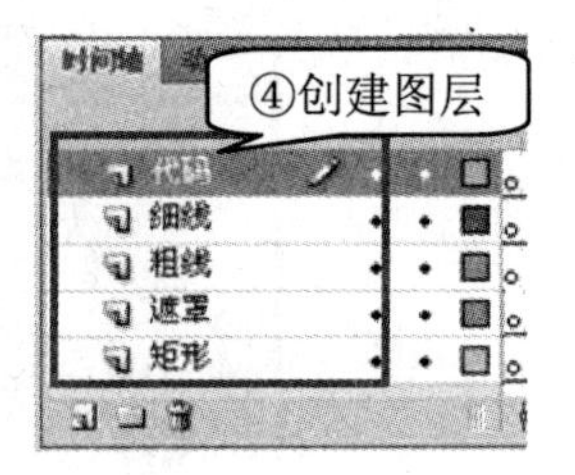

图 5-5　新建影片剪辑并创建图层

(5) **拖入“矩形”图形**　选取“矩形”图层第 1 帧，按图 5-6 所示进行操作，将“矩形”图形元件拖入场景并设置位置和大小(X: 0.0; Y: －87.0)。

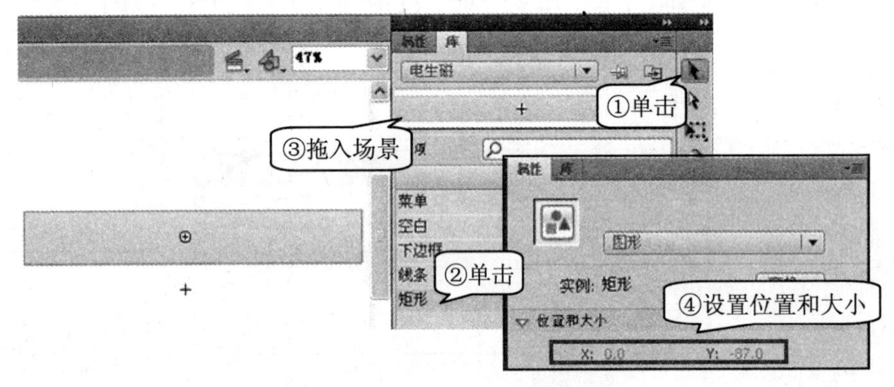

图 5-6　拖入“矩形”图形元件

(6) **制作“矩形”图形**　选取“矩形”图层第 12 帧，按 F6 键插入关键帧，并设置“矩形”图形元件的位置为 X: 0.0; Y: 0.0; 选取第 24 帧，按 F5 键插入帧。

(7) **制作“遮罩”图层**　选取“遮罩”层第 1 帧，绘制一个矩形大小为宽: 710 像素，高: 87 像素，并设置“矩形”图形元件的位置为 X: 0.0; Y: 0.0; 选取第 24 帧，按 F5 键插入帧。

(8) **制作遮罩效果**　选取“矩形”图层第 1 帧，选择“插入”→“传统补间”命令，创建动画，按图 5-7 所示进行操作，添加图层遮罩效果。

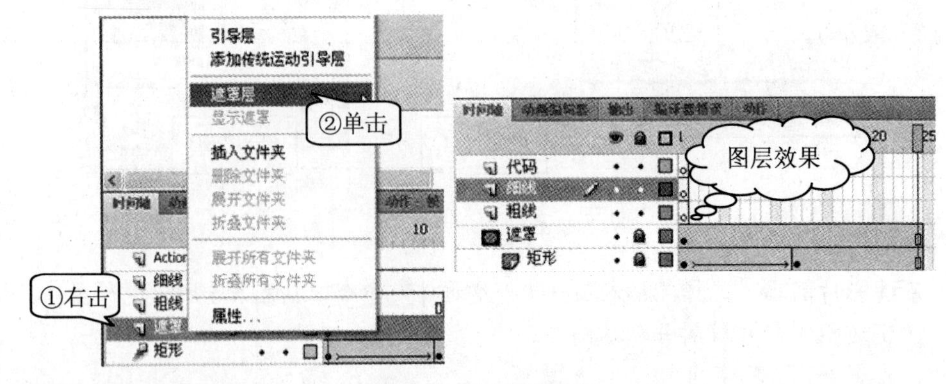

图 5-7　制作遮罩效果

(9) **制作“粗线”图层**　选取“粗线”图层第 13 帧，按 F6 键插入关键帧，从“库”

面板中将“线条”元件拖入，按图 5-8 所示进行操作，制作“粗线”层。

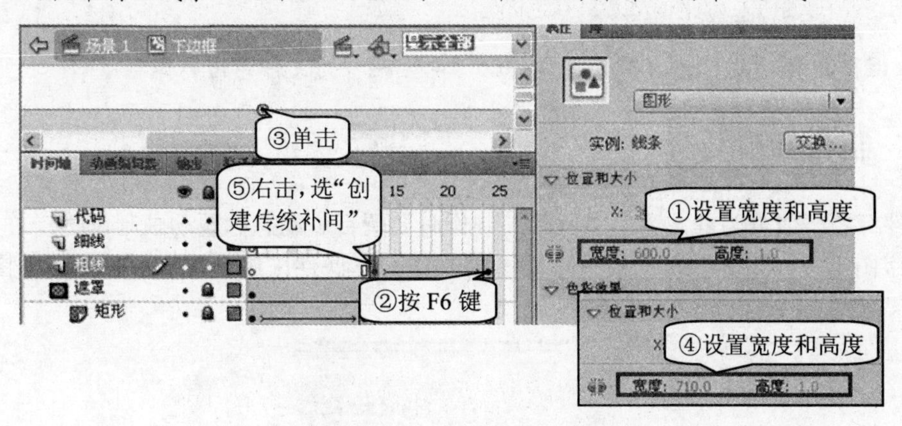

图 5-8 制作“粗线”层

(10) **制作“细线”图层** 选取“细线”图层第 20 帧，按 F6 键插入关键帧，按图 5-9 所示进行操作，制作“细线”层。

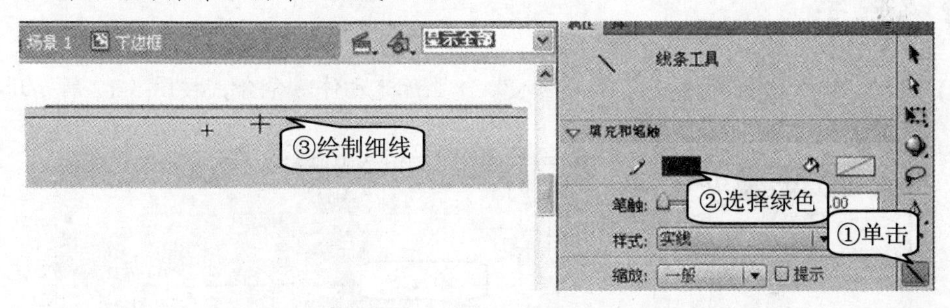

图 5-9 制作“细线”层

(11) **插入关键帧** 选取“细线”图层第 22 帧和 24 帧，按 F6 键插入关键帧，选取第 21 帧和 23 帧，按 F7 键插入空白关键帧，完成“细线”层的制作。

(12) **制作“代码”图层** 选取“代码”图层第 24 帧，按 F9 键打开“动作—帧”控制面板，输入代码“stop( );”。

制作“上边框”

新建一个“上边框”影片剪辑，创建相关图层，参照下边框的制作方法，完成上边框的制作。

(1) **新建影片剪辑** 选择“插入”→“新建元件”命令，新建一个“上边框”影片剪辑，并创建如图 5-10 所示的图层。

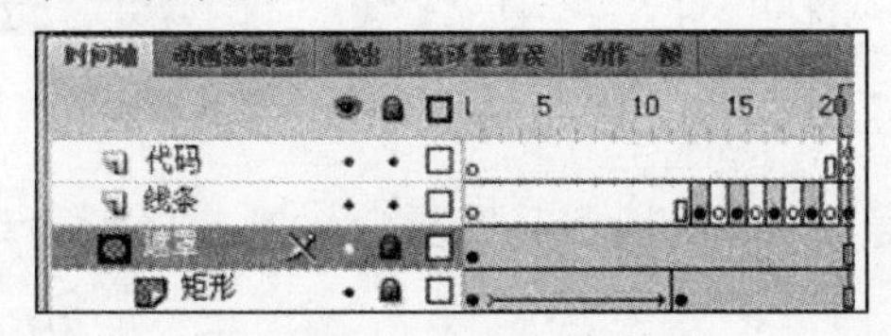

图 5-10 “上边框”图层

(2) **制作“上边框”影片剪辑** 参照“下边框”影片剪辑的制作方法，完成“上边框”影片剪辑的制作。

(3) **保存文件** 按 Ctrl+S 键，将文件以“电生磁”为文件名进行保存。

5.1.2 制作课件标题

课件标题一般分为静态和动态两种，制作时要醒目。动态标题动画制作时，首先创建单个文字图形元件，然后再分层进行动画的制作。本课件采用动态标题形式，如图 5-11 所示。

图 5-11 课件标题动画

跟我学

(1) **新建“电”图形元件** 选择“插入”→“新建元件”命令，按图 5-12 所示进行操作，新建“电”图形元件。

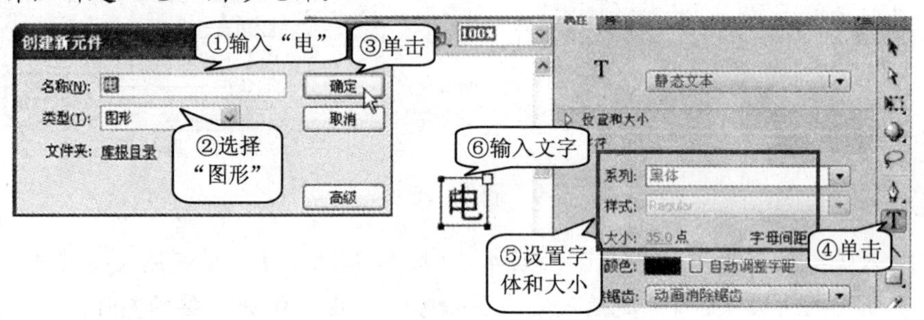

图 5-12 新建“电”图形元件

(2) **新建其他图形元件** 参照第(1)步的操作方法，分别新建“生”和“磁”图形元件。

(3) **新建影片剪辑** 选择“插入”→“新建元件”命令，按图 5-13 所示进行操作，新建“标题动画”影片剪辑并创建图层。

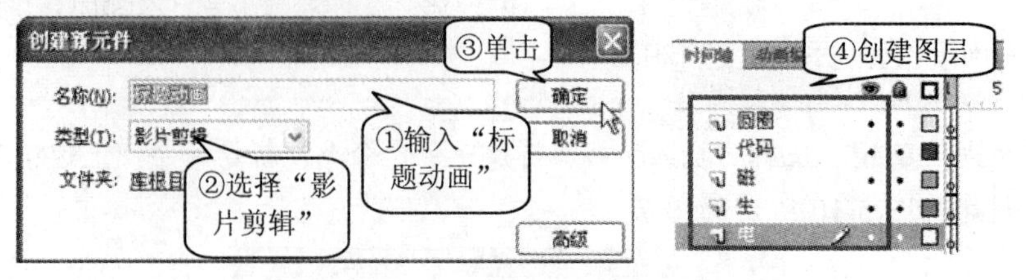

图 5-13 新建“标题动画”影片剪辑

(4) **制作“圆圈”图层** 选取“圆圈”图层，按图 5-14 所示进行操作，制作“圆圈”图层。

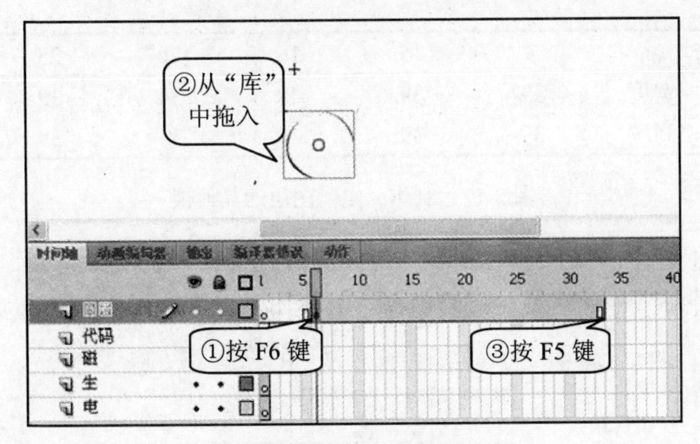

图 5-14　制作“圆圈”图层

(5) **制作“代码”图层**　选取“代码”图层，按图 5-15 所示进行操作，制作“代码”图层。

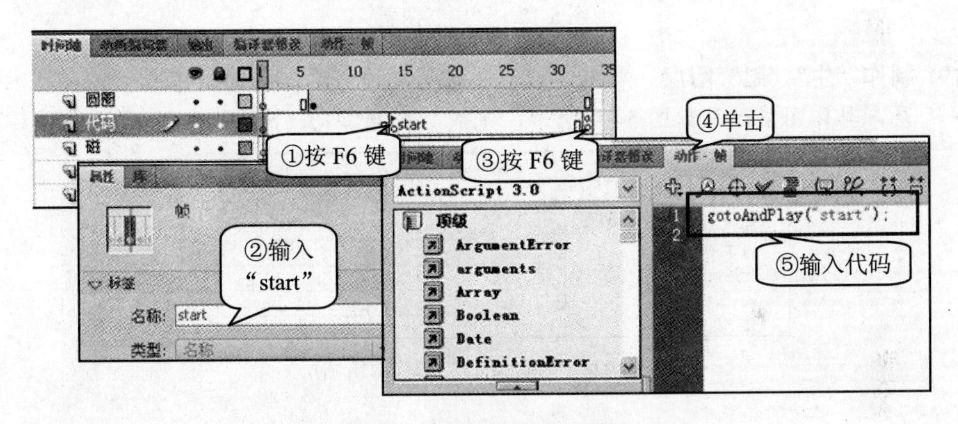

图 5-15　制作“代码”图层

(6) **拖入“电”图形元件**　选取“电”图层，按图 5-16 所示进行操作，制作“电”图层第 1 帧。

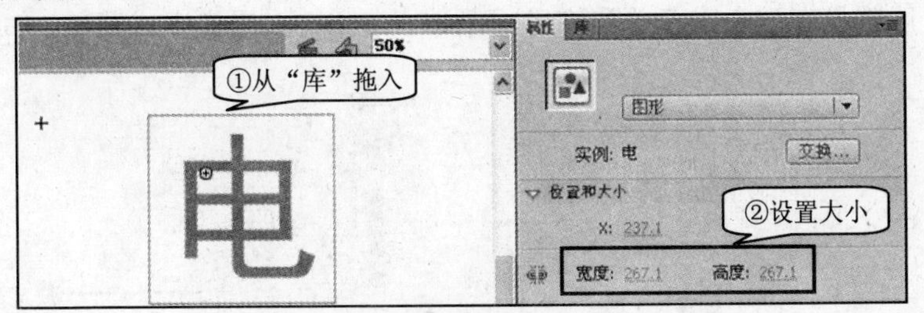

图 5-16　制作“电”图层第 1 帧

(7) **制作“电”图层其他帧**　分别选取“电”图层第 3 帧、15 帧、16 帧、22 帧和 25 帧，按 F6 键插入关键帧，并设置各帧中的“电”图形元件的大小，如图 5-17 所示。选取第 33 帧，按 F5 键插入帧。

帧	3	15	16	22	25
宽度	39	39	48	34	39
高度	39	39	48	34	39

图 5-17　制作“电”图层的其他帧

(8) **制作“电”图层**　分别选取“电”图层的第 1 帧、16 帧和 22 帧，选择“插入”→“传统补间”命令，创建补间动画，具体图层效果如图 5-18 所示。

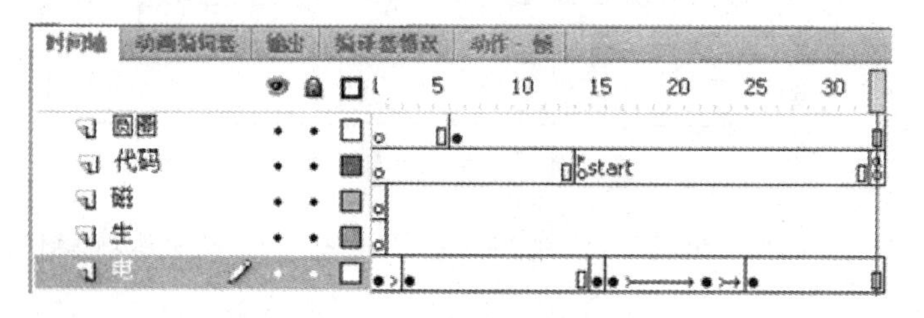

图 5-18　“电”图层

(9) **制作“生”“磁”图层**　参照“电”图层的制作方法，分别制作“生”和“磁”图层，具体图层效果如图 5-19 所示，完成“标题”动画的制作。

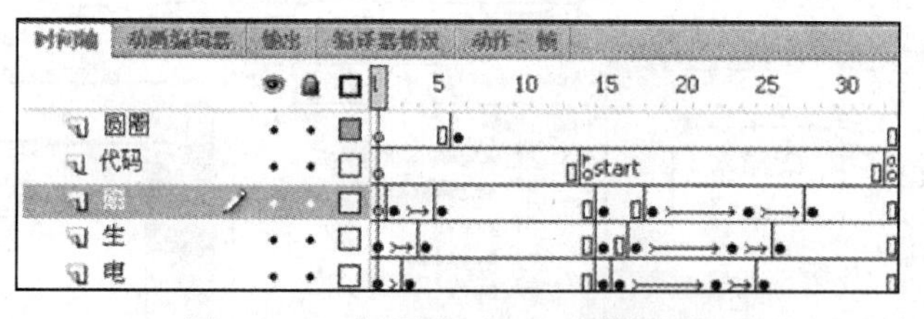

图 5-19　“标题动画”影片剪辑图层

5.1.3　制作课件导航

课件导航主要用于对呈现教学内容的控制，帮助使用者控制学习流程。课件导航形式也有多种，一般常见有列表式菜单和弹出式菜单，本课件采用弹出式菜单，如图 5-20 所示。

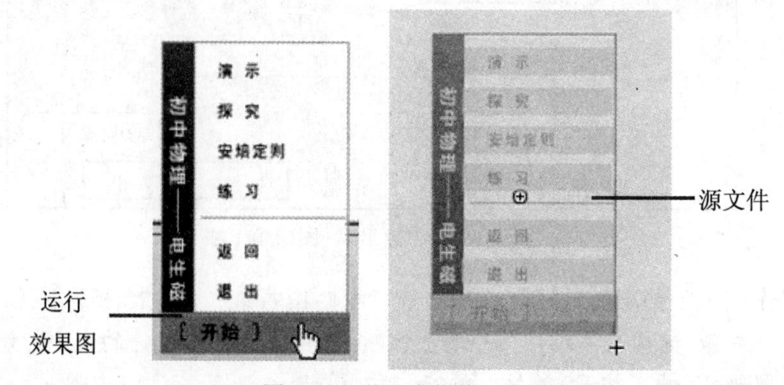

图 5-20　弹出式菜单

运行课件时当鼠标移到菜单上，会弹出菜单；鼠标移出菜单，菜单隐藏。制作时可制作两帧，第1帧为菜单隐藏的状态，第2帧为菜单弹出的状态。

制作“菜单”底纹文字

新建“菜单”影片剪辑、创建图层、绘制菜单底纹，并输入菜单中的文字，完成菜单的搭建。

(1) **新建“空白”按钮**　选择“插入”→“新建元件”命令，按图5-21所示进行操作，新建“空白”按钮元件。

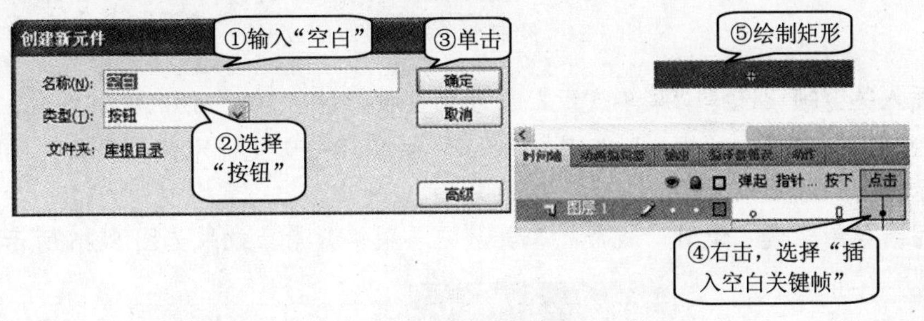

图5-21　新建“空白”按钮元件

(2) **新建“菜单”元件**　选择“插入”→“新建元件”命令，按图5-22所示进行操作，新建“菜单”影片剪辑。

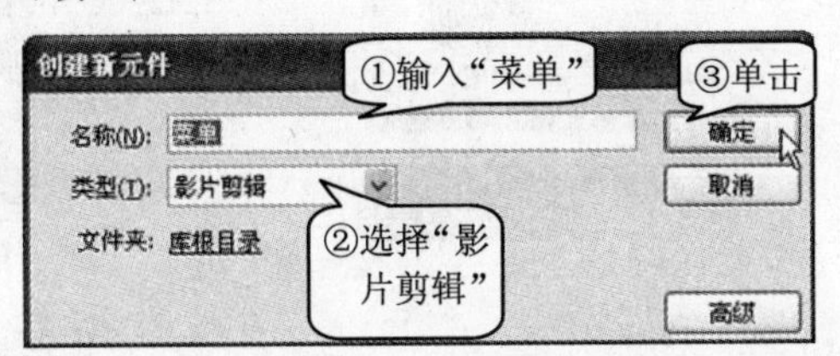

图5-22　新建“菜单”影片剪辑

(3) **创建图层**　单击“图层”面板中的“新建图层”按钮，创建如图5-23所示的图层。

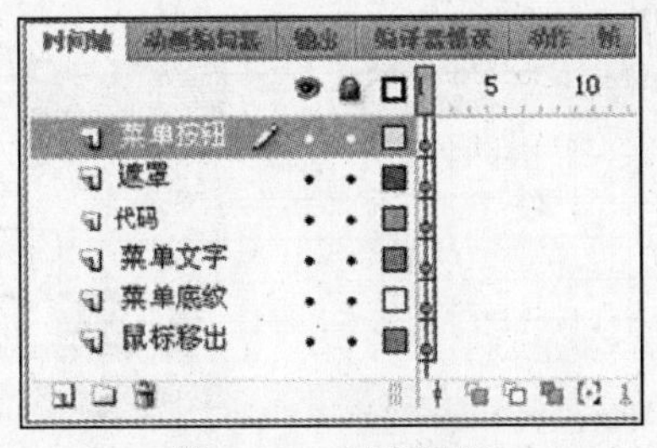

图5-23　创建图层

(4) **设置“开始”菜单**　选择“菜单底纹”图层第1帧，单击“矩形”工具按钮，按图 5-24 所示进行操作，绘制“开始”菜单底纹(宽：118 像素，高：25 像素)。

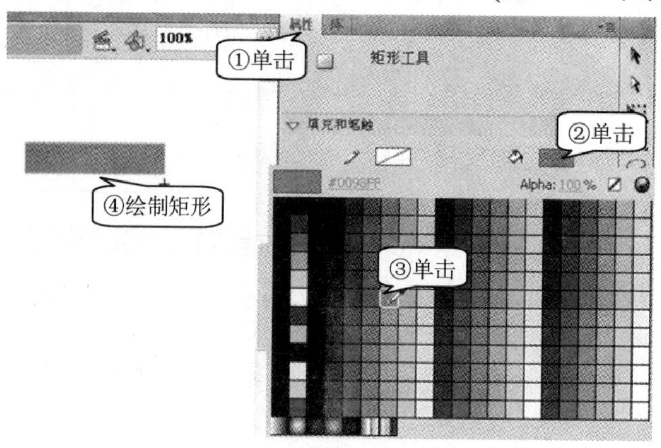

图 5-24　绘制“开始”菜单底纹

(5) **插入关键帧**　选择“菜单底纹”图层第 2 帧，按 F6 键，插入关键帧。

(6) **绘制矩形**　单击“矩形”工具按钮，按 Shift+F9 键打开颜色面板，按图 5-25 所示进行操作，设置填充颜色并绘制矩形。

(7) **完善菜单背景**　使用“线条”工具，完善菜单背景，效果如图 5-26 所示。

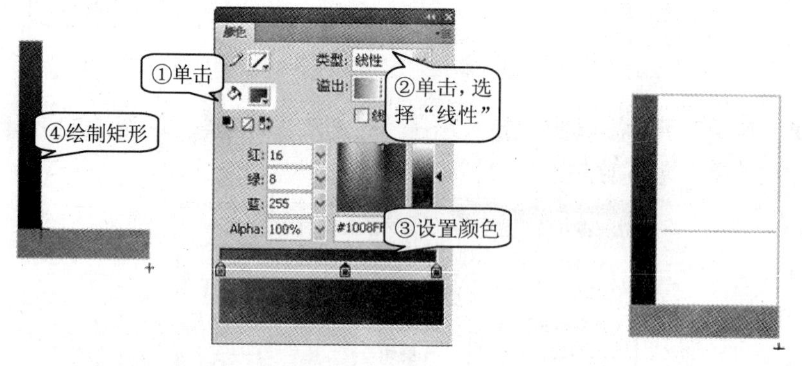

图 5-25　绘制矩形　　　图 5-26　完善菜单背景

(8) **输入菜单文字**　选择“菜单文字”图层第 1 帧，单击“文本”工具按钮，按图 5-27 所示进行操作，输入菜单文字“[开始]”。

图 5-27　输入菜单文字

(9) **制作菜单文字层**　选择“菜单文字”图层第 2 帧，按 F6 键插入关键帧，输入图 5-28

所示的文字。

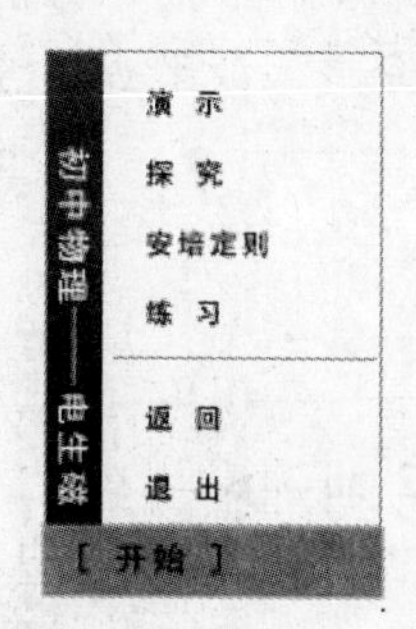

图 5-28　制作“菜单文字”层第 2 帧

制作“菜单按钮”

分别在“菜单按钮”图层、“遮罩”图层及“鼠标移出”图层，插入按钮并进行命名。

(1) **创建第 1 帧**　选取“菜单按钮”图层，按图 5-29 所示进行操作，拖入“空白”按钮并命名。

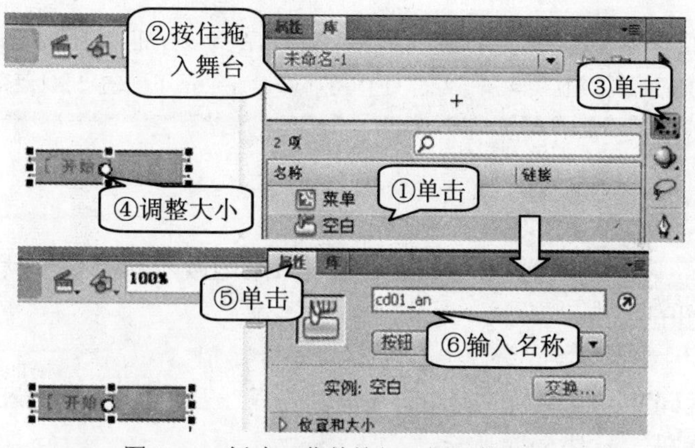

图 5-29　创建“菜单按钮”图层第 1 帧

(2) **创建第 2 帧**　选择“菜单按钮”图层第 2 帧，按 F7 键插入空白关键帧，用同样的方法，将“空白”按钮拖到菜单文字上，并调整大小和命名，效果如图 5-30 所示。

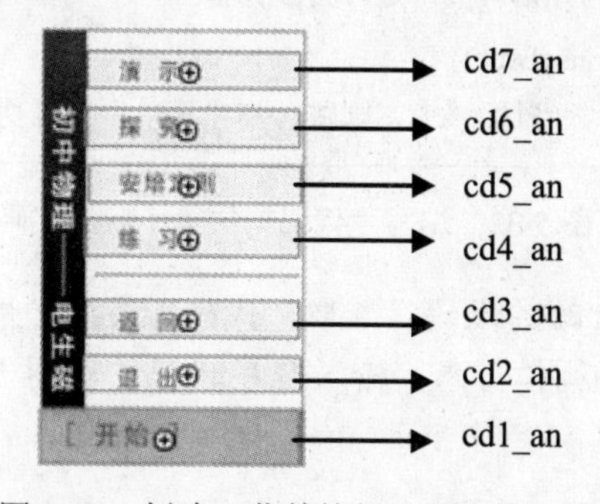

图 5-30　创建“菜单按钮”图层第 2 帧

(3) **创建其他层** 分别选取“遮罩”和“鼠标移出”图层，按 F6 键插入关键帧，拖入“空白”按钮并调整大小和命名，效果如图 5-31 所示。

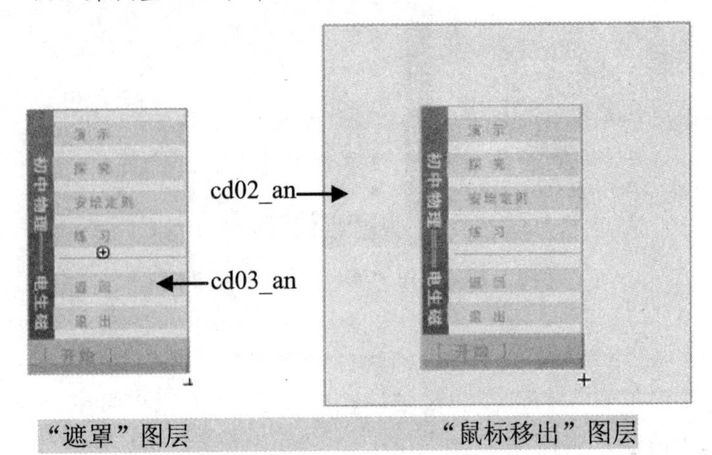

图 5-31 创建“遮罩”和“鼠标移出”图层

“鼠标移出”层按钮作用，即当鼠标移到该按钮上，隐藏菜单，也就是自动转到第 1 帧。“遮罩”层按钮作用，即遮住菜单下面的“鼠标移出”按钮。

制作“代码”图层

分别在“代码”层第 1 帧和第 2 帧，编写代码，控制按钮菜单中按钮的跳转。

(1) **编写“代码”层第 1 帧的代码** 选取“代码”层，按 F9 键进入代码编辑状态，输入程序代码，如图 5-32 所示。

```
stop();    //停止播放
cd01_an.addEventListener(MouseEvent.MOUSE_OVER,cd01);
                //侦听“开始”按钮是否有鼠标移上
function cd01(Event:MouseEvent) {
   gotoAndStop(2);  }   //鼠标移上，则跳转到“菜单”影片剪辑的第 2 帧
```

图 5-32 编写“代码”层第 1 帧的代码

(2) **编写“代码”层第 2 帧的代码** 选取“代码”层第 2 帧，按 F7 键插入空白关键帧，再按 F9 键进入代码编辑状态，输入程序代码，如图 5-33 所示。

```
cd02_an.addEventListener(MouseEvent.MOUSE_OVER,cd02)
function cd02(Event:MouseEvent){    gotoAndStop(1);        }
cd03_an.addEventListener(MouseEvent.MOUSE_OVER,cd03)
function cd03(Event:MouseEvent){    gotoAndStop(2);        }
cd1_an.addEventListener(MouseEvent.MOUSE_OVER,cd1)
function cd1(Event:MouseEvent){            gotoAndStop(2);        }
cd2_an.addEventListener(MouseEvent.MOUSE_DOWN,cd2)
function cd2(Event:MouseEvent){     fscommand("quit");    }
cd3_an.addEventListener(MouseEvent.MOUSE_DOWN,cd3)
function cd3(Event:MouseEvent){     (this.parent as MovieClip).gotoAndPlay(14);        }
cd4_an.addEventListener(MouseEvent.MOUSE_DOWN,cd4)
function cd4(Event:MouseEvent){     (this.parent as MovieClip).gotoAndStop("a5");    }
cd5_an.addEventListener(MouseEvent.MOUSE_DOWN,cd5)
function cd5(Event:MouseEvent){     (this.parent as MovieClip).gotoAndStop("a4");    }
cd6_an.addEventListener(MouseEvent.MOUSE_DOWN,cd6)
function cd6(Event:MouseEvent){     (this.parent as MovieClip).gotoAndStop("a3");     }
cd7_an.addEventListener(MouseEvent.MOUSE_DOWN,cd7)
function cd7(Event:MouseEvent){     (this.parent as MovieClip).gotoAndStop("a2");     }
```

图 5-33　编写“代码”层第 2 帧的代码

5.2　制作课件主体

课件主体根据课件内容的设计分成若干部分，然后制作成相关的影片剪辑或者是场景。本课件制作时采用影片剪辑的方式，分成“演示”、“探究”和“练习”3 个部分。

5.2.1　制作“演示”模块

课件“电生磁”的“演示”模块用于演示奥斯特实验，单击闭合开关，小磁针旋转；单击定义按钮，呈现定义，效果如图 5-34 所示。

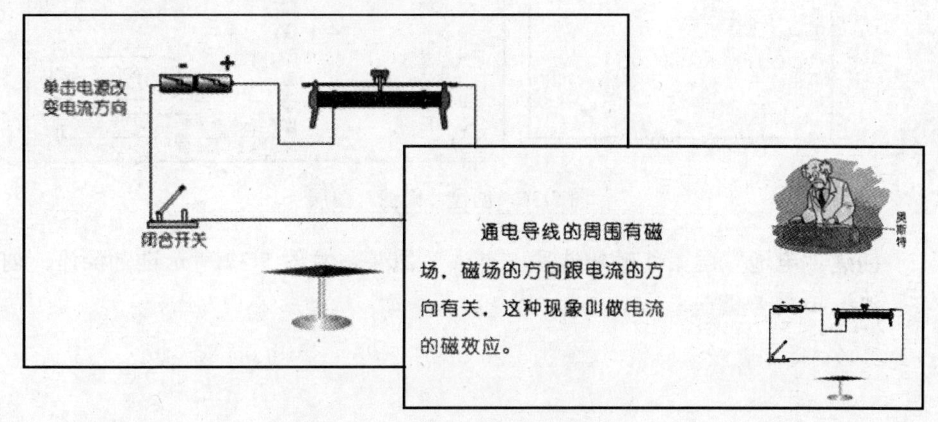

图 5-34　“演示”模块效果图

播放课件的“演示”模块，可以发现按照电源方向可以将动画分成两大部分；再按照开关的闭合又可以将动画分成两小部分。理清后可按照图层分别进行制作。

跟我学

新建“演示”元件

新建一个“演示”影片剪辑，并创建“底图”、“电池”、“线条”和“开关”图层。

(1) **新建“演示”元件** 选择“插入”→“新建元件”命令，按图 5-35 所示进行操作，新建“演示”影片剪辑。

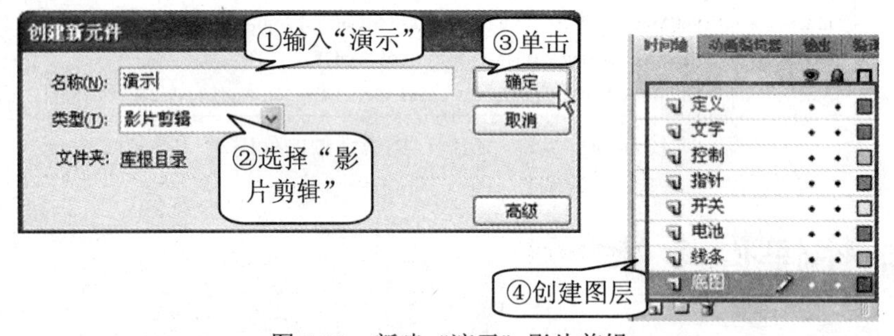

图 5-35 新建“演示”影片剪辑

(2) **创建“底图”图层** 选取“底图”图层，按图 5-36 所示进行操作，创建“底图”图层。

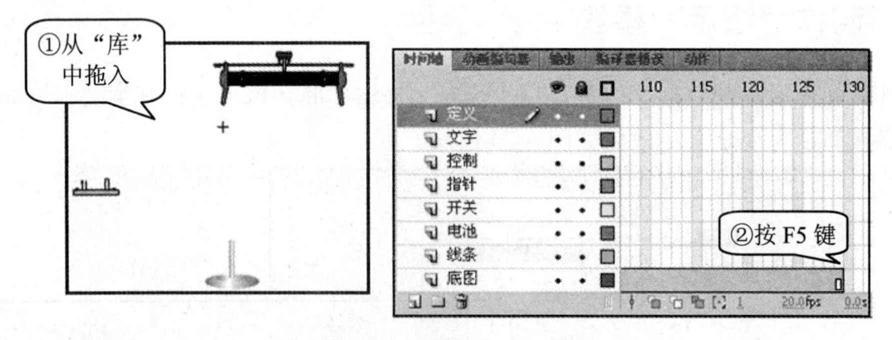

图 5-36 创建“底图”图层

(3) **创建“电池”层第 1 帧** 选取“电池”图层，按图 5-37 所示进行操作，创建“电池”图层第 1 帧。

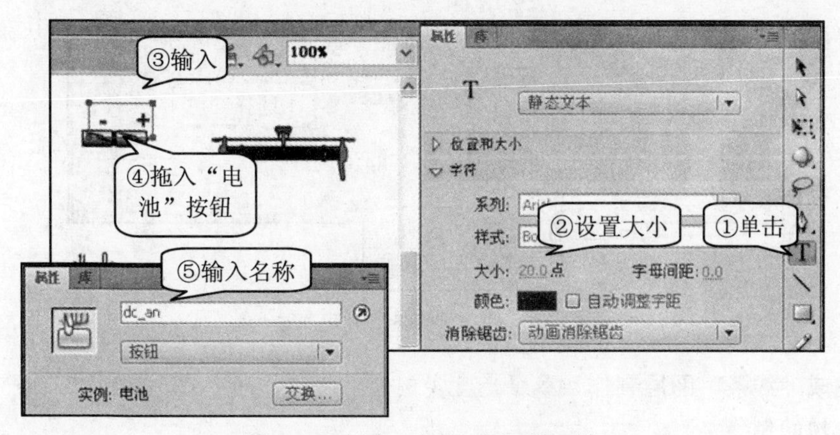

图 5-37　创建“电池”图层第 1 帧

(4) **创建“电池”图层第 65 帧**　选取“电池”图层第 65 帧，按 F6 键插入关键帧，选择“修改”→“变形”→“水平翻转”命令，按图 5-38 所示进行操作，修改“电池”按钮名称。

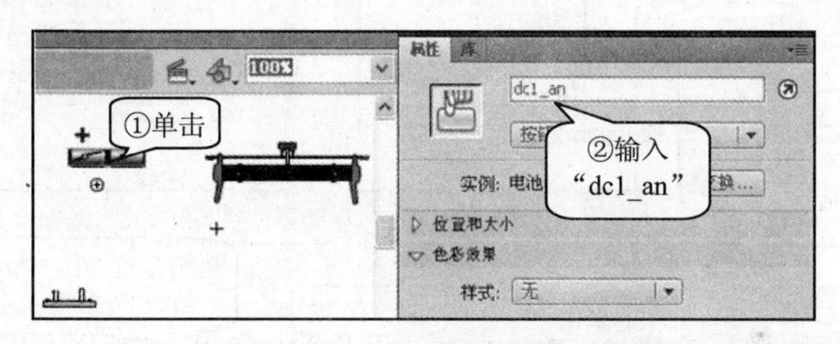

图 5-38　创建“电池”图层第 65 帧

(5) **完成“电池”图层制作**　选取“电池”图层第 129 帧，按 F5 键插入帧，完成“电池”图层的制作。

(6) **创建“线条”图层第 1 帧**　选取“线条”图层，按图 5-39 所示进行操作，创建“电池”图层第 1 帧。

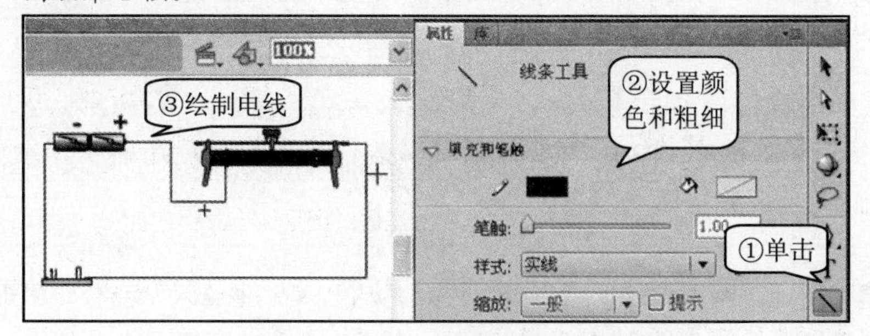

图 5-39　创建“线条”图层第 1 帧

(7) **创建“线条”图层第 5 帧**　选取“线条”图层第 5 帧，按 F6 键插入关键帧，按图 5-40 所示进行操作，创建“线条”图层第 5 帧。

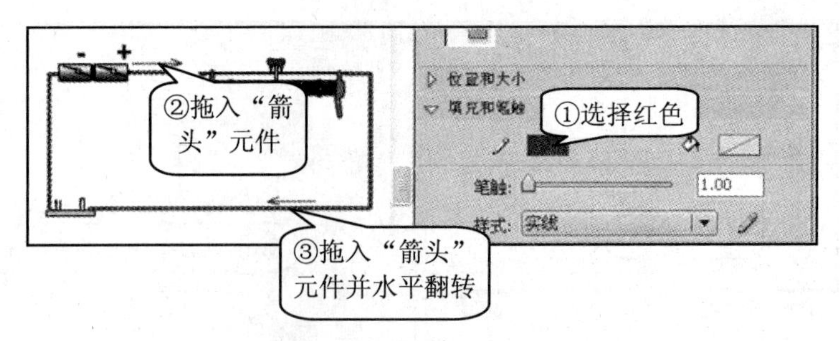

图 5-40 创建“线条”图层第 5 帧

(8) **完成“线条”图层制作** 参照光盘实例和上述操作的方法，完成“线条”图层其他帧的制作。

(9) **创建“开关”图层** 选取“开关”图层，按图 5-41 所示进行操作，创建“开关”图层第 1～40 帧。

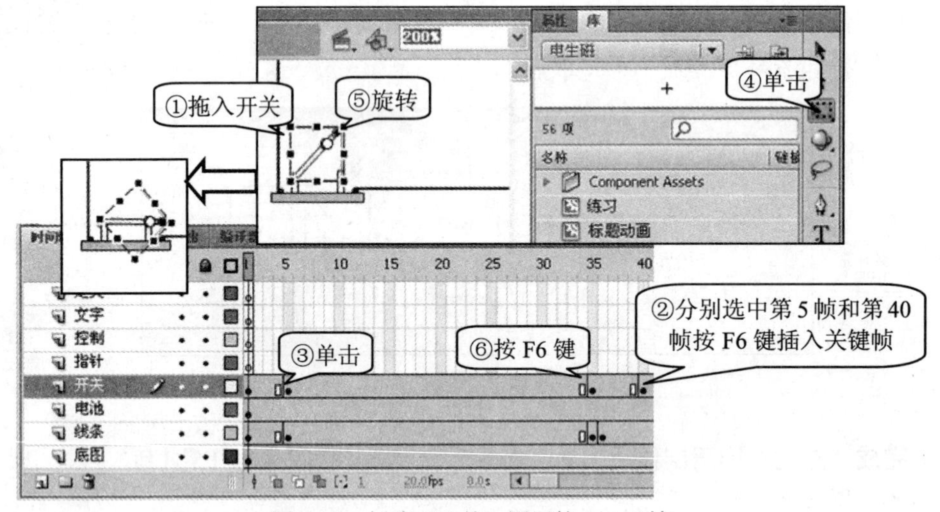

图 5-41 创建“开关”图层第 1～40 帧

(10) **创建动画** 分别选取“开关”图层第 1 帧和第 35 帧，选择“插入”→“传统补间”命令，创建动画。以同样的方法，完成“开关”图层其他帧的制作。

创建其他图层

分别选取“指针”、“控制”、“文字”和“定义”图层，并进行制作。

(1) **创建“指针”图层** 选取“指针”图层，从“库”中拖入“指针”图形元件，再分别选取第 5 帧、第 35 帧和第 64 帧，按 F6 键插入关键帧。

(2) **创建补间动画** 选取第 35 帧，选择“修改”→“变形”→“顺时针旋转 90°”命令，按图 5-42 所示进行操作，创建补间动画。

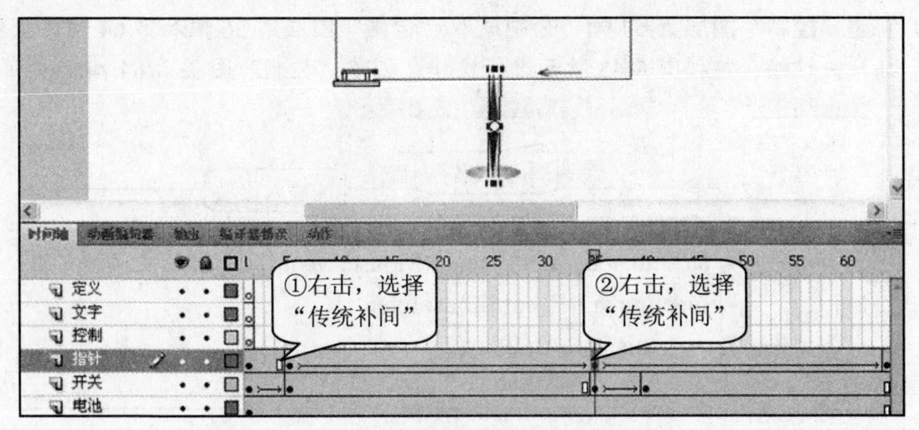

图5-42　创建补间动画

(3) **完成“指针”图层制作**　参照光盘实例和上述操作方法，完成“指针”图层其他帧的制作。

(4) **创建“控制”图层第1帧**　选取“控制”图层，按图5-43所示进行操作，创建“控制”图层第1帧。

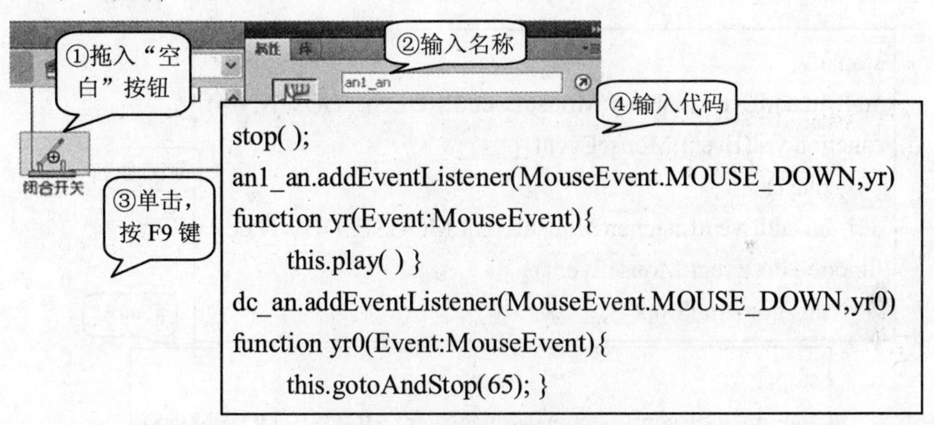

图5-43　创建“控制”图层第1帧

(5) **创建“控制”图层第35帧**　分别选取“控制”图层第2帧和第35帧，按F6键插入关键帧，再按图5-44所示进行操作，创建“控制”图层第35帧。

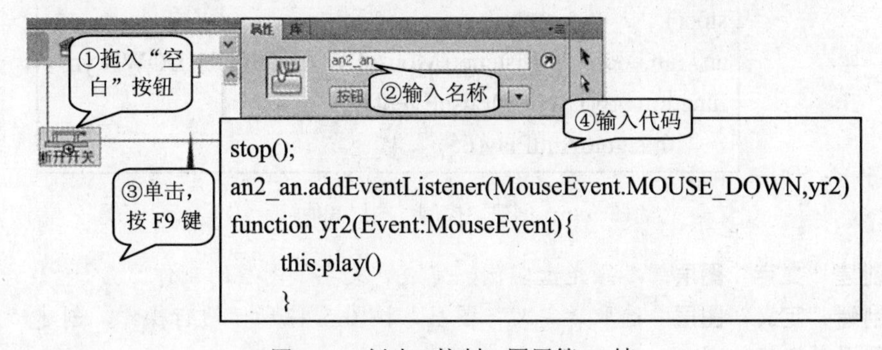

图5-44　创建“控制”图层第35帧

(6) **创建“控制”图层第 64 帧** 分别选取“控制”图层第 36 帧和第 64 帧，按 F6 键插入关键帧，再按图 5-45 所示进行操作，创建“控制”图层第 64 帧。

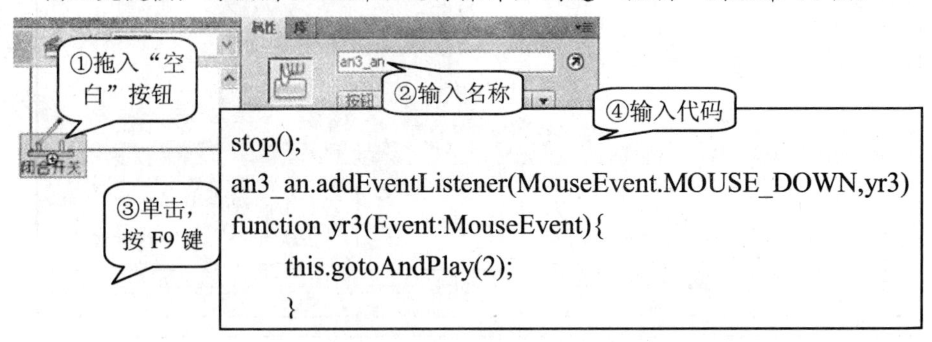

图 5-45 创建“控制”图层第 64 帧

(7) **创建“控制”图层其他帧** 按同样的方法，分别选取“控制”图层的第 65 帧、第 66 帧、第 99 帧、第 100 帧和第 129 帧，按 F6 键插入关键帧，从“库”面板中拖入“空白”按钮到第 65 帧、第 99 帧和第 129 帧中，并分别命名为“an4_an、an5_an 和 an6_an”，再对第 65 帧、第 99 帧和第 129 帧添加代码，具体代码如图 5-46 所示。

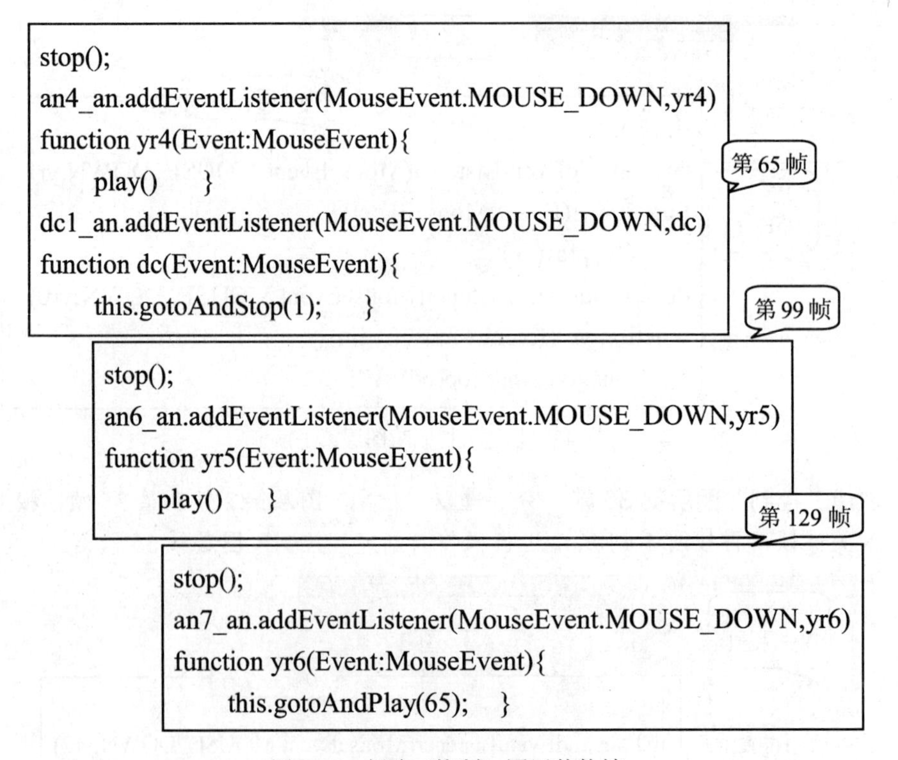

图 5-46 创建“控制”图层其他帧

(8) **创建“文字”图层** 参照光盘实例，完成“文字”图层的制作。

(9) **创建“定义”图层** 选取“定义”图层，按图 5-47 所示进行操作，创建“定义”图层第 1 帧。

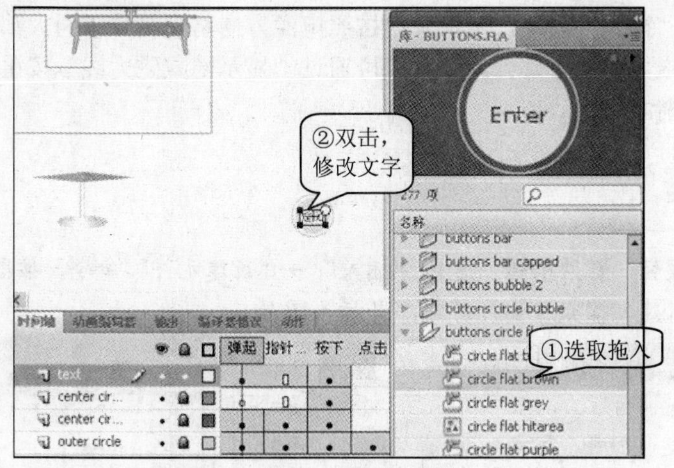

图 5-47　创建“定义”图层第 1 帧

(10) **按钮命名**　回到“演示”影片剪辑的“定义”图层，选中定义按钮并将按钮命名为“dy_an”。

(11) **编写“定义”图层第 1 帧的代码**　选取“定义”图层，按 F9 键输入如图 5-48 所示的代码。

```
dy_an.addEventListener(MouseEvent.MOUSE_DOWN,dy1)
function dy1(Event:MouseEvent){
    gotoAndStop(130);
    }
```

图 5-48　编写“定义”图层第 1 帧的代码

(12) **制作“定义”图层第 130 帧**　参照光盘实例，完成“定义”图层第 130 帧的制作。

5.2.2　制作“探究”模块

“电生磁”课件的“探究”模块是探究通电螺线管的磁场，单击电池可更改电池正负极，单击闭合开关小磁针旋转；单击显示隐藏磁力线，可显示磁力线动态效果图，具体效果如图 5-49 所示。

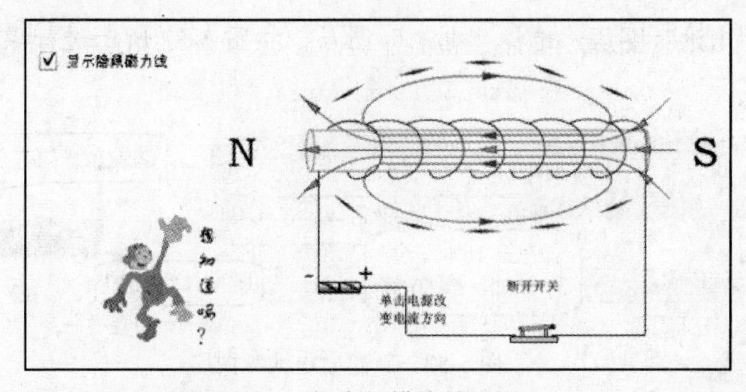

图 5-49　“探究”模块效果图

播放课件的“探究”模块，可以发现按照电源方向将动画分成两大部分，通电后动画主要包括指针和磁力线两个部分，磁力线可通过“显示隐藏磁力线”按钮来控制，然后再按照图层进行分别制作。

跟我学

(1) **新建“探究”影片剪辑** 选择“插入”→“新建元件”命令，按图 5-50 所示进行操作，新建“探究”影片剪辑，并插入图层。

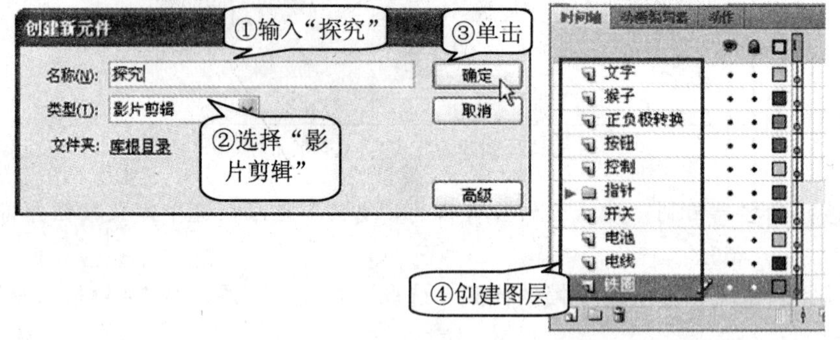

图 5-50 新建“探究”影片剪辑

(2) **新建“电线”和“铁圈”图层** 按图 5-51 所示进行操作，新建“电线”和“铁圈”图层。

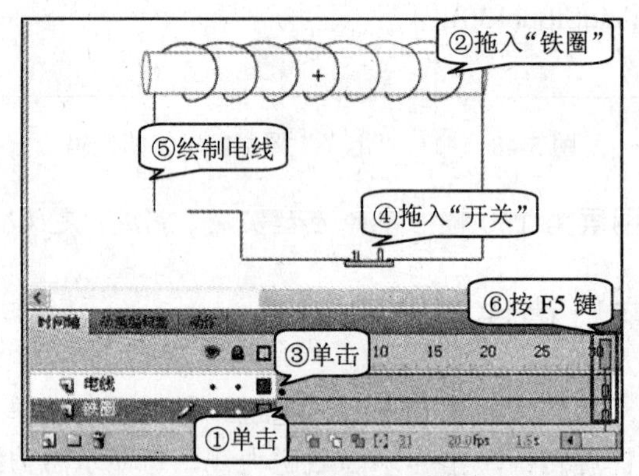

图 5-51 新建“电线”和“铁圈”图层

(3) **新建“电池”图层** 选择“电池”图层，按图 5-52 所示进行操作，新建“电池”图层。

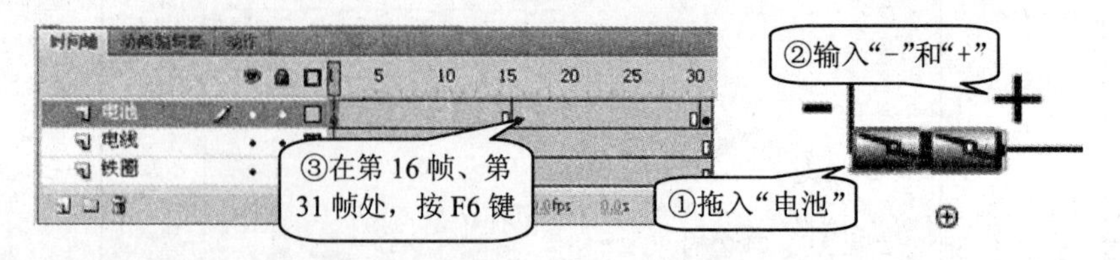

图 5-52 新建“电池”图层

(4) **翻转第 16 帧中的元件**　选取“电池”图层第 16 帧，选择“修改”→“变形”→“水平翻转”命令，翻转“电池”图层第 16 帧中的元件。

(5) **新建“开关”图层**　选择“开关”图层，按图 5-53 所示进行操作，新建“开关”图层。

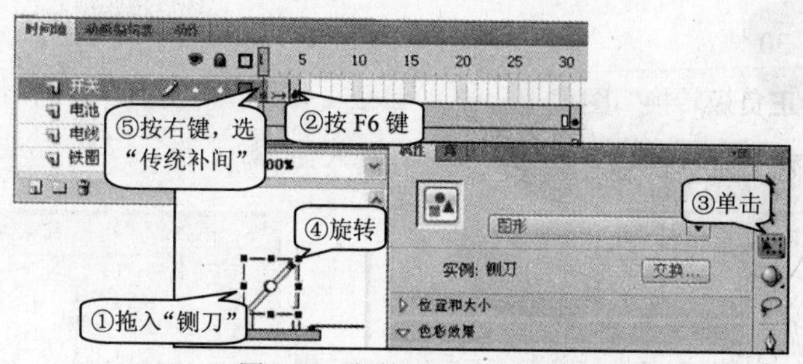

图 5-53　新建“开关”图层

(6) **新建“开关”图层中的其他帧**　参照上述方法，新建“开关”图层中的其他帧。

(7) **新建“指针”、“猴子”和“文字”图层**　参照光盘实例，完成“指针”、“猴子”和“文字”图层的制作。

(8) **新建“按钮”图层第 1 帧**　选取“按钮”图层，按图 5-54 所示进行操作，新建“按钮”图层第 1 帧。

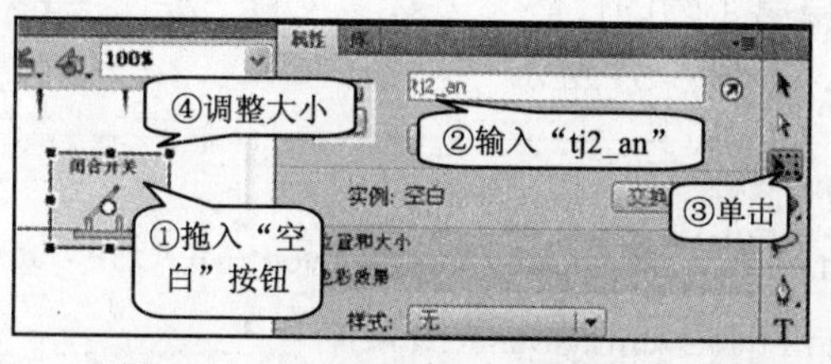

图 5-54　新建“按钮”图层第 1 帧

(9) **添加“CheckBox”按钮组件**　选取“按钮”图层第 15 帧，按 F7 键插入空白关键帧，选择“窗口”→“组件”命令，按图 5-55 所示进行操作，添加“CheckBox”按钮组件。

图 5-55　添加“CheckBox”按钮组件

(10) **添加其他元件** 从“库”中分别拖入“磁力线”影片剪辑和“空白”按钮元件，并分别命名为“clx”和“tj4_an”。

(11) **制作“按钮”图层其他帧** 按同样的方法，参照光盘实例制作“按钮”图层第 16 帧和第 30 帧。

(12) **制作“正负极转换”图层** 选择“插入”→“新建元件”命令，按图 5-56 所示进行操作，新建“探究”影片剪辑，并插入图层。

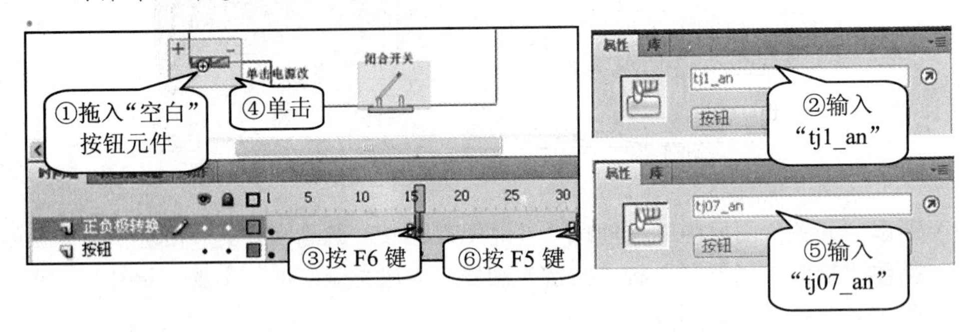

图 5-56 制作“正负极转换”图层

(13) **编写“控制”层第 1 帧的代码** 选取“控制”层，按 F9 键进入代码编辑状态，输入程序代码，如图 5-57 所示。

```
stop();
tj1_an.addEventListener(MouseEvent.MOUSE_DOWN,tj1)
function tj1(Event:MouseEvent){
 this.gotoAndStop(16)  }
tj2_an.addEventListener(MouseEvent.MOUSE_DOWN,tj2)
function tj2(Event:MouseEvent){
 this.play()  }
tj3_an.addEventListener(MouseEvent.MOUSE_DOWN,tj3)
function tj3(Event:MouseEvent){
 this.gotoAndStop(31)  }
```

图 5-57 编写“控制”层第 1 帧的代码

(14) **编写“控制”图层第 15 帧的代码** 选取“控制”层第 15 帧，按 F7 键插入空白关键帧，再按 F9 键进入代码编辑状态，输入程序代码，如图 5-58 所示。

```
stop();
tj1_an.addEventListener(MouseEvent.MOUSE_DOWN,tj)
function tj(Event:MouseEvent){
 this.gotoAndStop(16)  }
tj4_an.addEventListener(MouseEvent.MOUSE_DOWN,tj4)
function tj4(Event:MouseEvent){
 this.gotoAndStop(1)    }
tj3_an.addEventListener(MouseEvent.MOUSE_DOWN,tj301)
function tj301(Event:MouseEvent){
 this.gotoAndStop(31)  }
clx.visible=false;
cbk.addEventListener(MouseEvent.CLICK,cd);
function cd(event){
      clx.visible=cbk.selected;   }
```

图 5-58　编写“控制”层第 15 帧的代码

(15) **制作“控制”图层其他帧**　按同样的方法，参照光盘实例编写“控制”图层第 16 帧和第 30 帧的代码。

5.2.3 制作“练习”模块

练习部分是课件中不可缺少的部分，常见的练习一般有选择题、判断题和填空题等，“电生磁”课件选用了单选题和填空题两种类型，效果如图 5-59 所示。

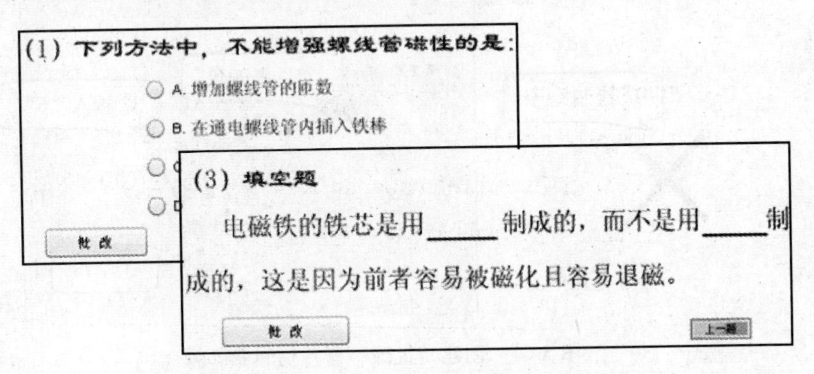

图 5-59　“练习”模块效果图

播放课件的试题模块包括题目、选项部分、批改按钮、上一题按钮及下一题按钮。在制作时可以先建立这几个图层，然后再编写代码，用来控制试题的修改。

跟我学

新建“批改”影片

选择“插入”→“新建元件”命令，新建一个“批改”影片剪辑元件，并创建相关图层。

(1) **新建“批改”影片剪辑** 选择“插入”→“新建元件”命令，按图 5-60 所示进行操作，新建“批改”影片剪辑元件，并制作第 1 帧。

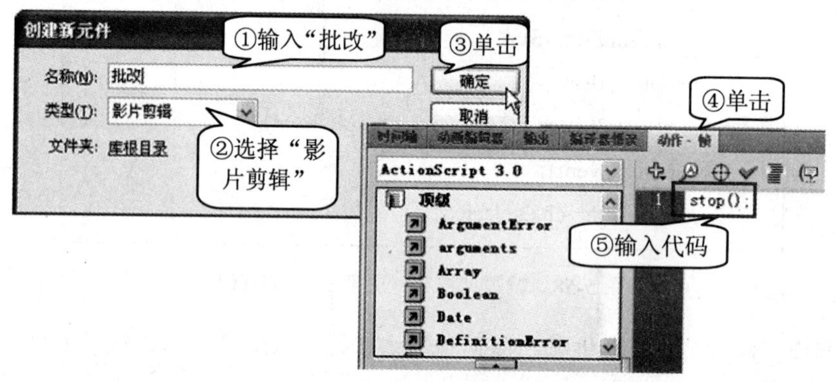

图 5-60 新建“批改”影片剪辑元件

(2) **创建第 2 帧** 选择“批改”影片剪辑第 2 帧，按 F7 键插入空白关键帧，按图 5-61 所示进行操作，创建“批改”影片剪辑第 2 帧。

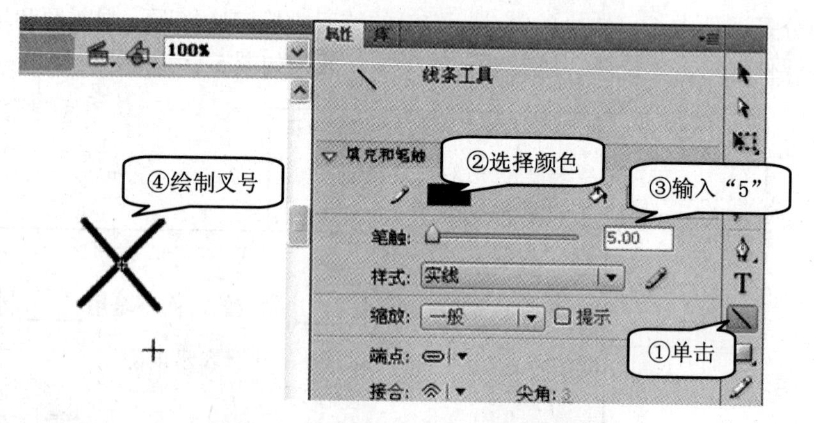

图 5-61 创建“批改”影片剪辑第 2 帧

(3) **创建第 3 帧** 选择“批改”影片剪辑第 3 帧，按 F7 键插入空白关键帧，按图 5-62 所示进行操作，创建“批改”影片剪辑第 3 帧。

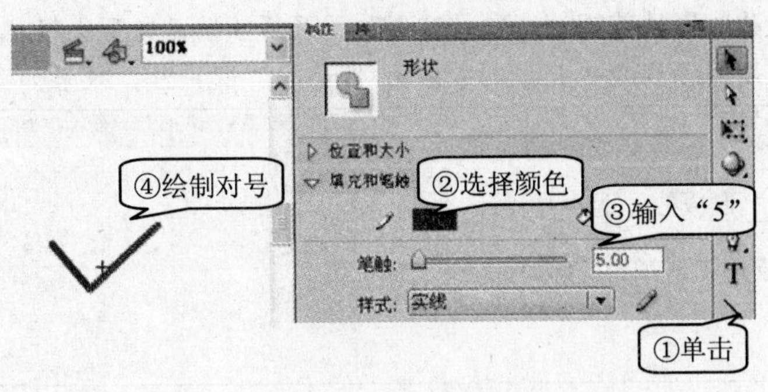

图 5-62　创建“批改”影片剪辑第 3 帧

新建“练习”影片

选择“插入”→“新建元件”命令，新建一个“练习”影片剪辑元件，并创建相关图层。

(1) **新建“练习”影片剪辑**　选择“插入”→“新建元件”命令，按图 5-63 所示进行操作，新建“练习”影片剪辑元件。

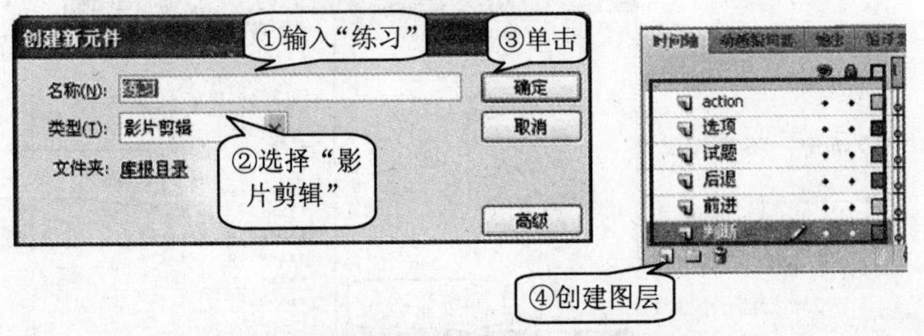

图 5-63　新建“练习”影片剪辑元件

(2) **创建“试题”图层**　按 F6 键分别在“试题”图层的第 2 帧和第 3 帧插入关键帧，再选择“文本”工具 T，分别在第 1 帧、第 2 帧和第 3 帧输入习题，如图 5-64 所示。

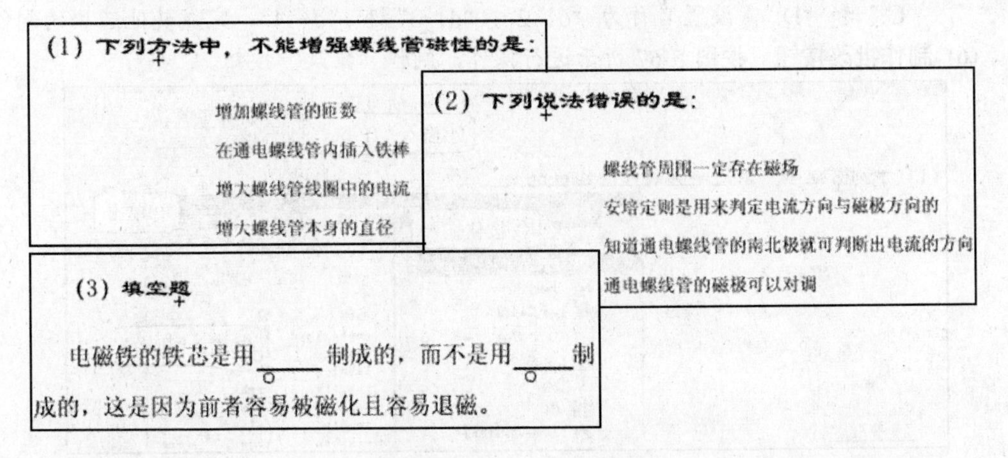

图 5-64　创建“试题”图层

(3) **拖入“批改”影片剪辑** 选取“试题”图层第3帧，分两次将“批改”影片剪辑拖到填空题的横线处，并分别命名为“pg1_1、pg1_2”，效果如图5-65所示。

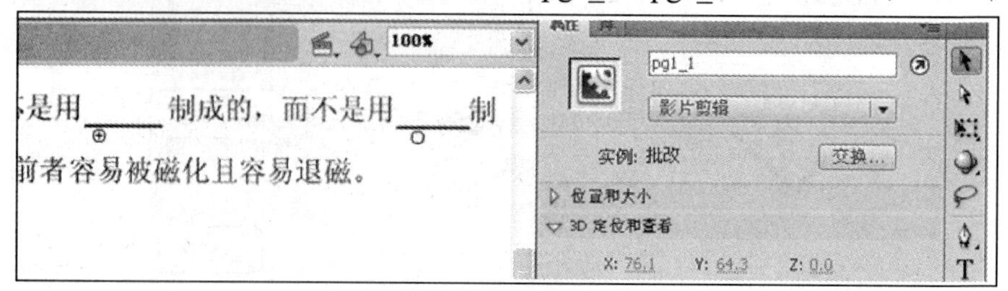

图5-65　拖入“批改”影片剪辑

(4) **创建选项A** 单击“选项”图层，选择“窗口”→“组件”命令，按图5-66所示进行操作，创建选项A。

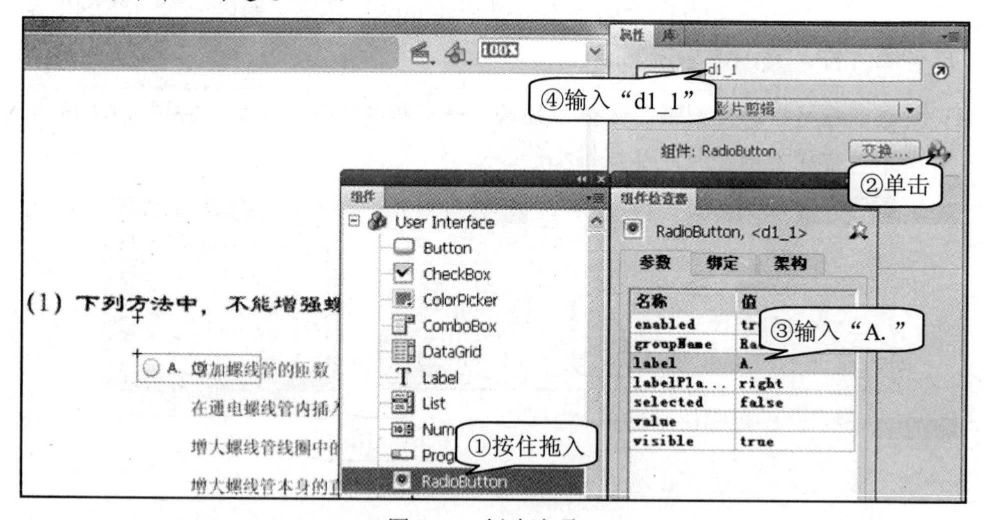

图5-66　创建选项A

(5) **制作其他选项** 按同样的方法分3次拖入“RadioButton”按钮，设置label值为“B.”、“C.”和“D.”，设置名称为“d1_2”、“d1_3”和“d1_4”，完成其他选项的制作。

(6) **制作批改按钮** 按图5-67所示进行操作，制作“批改”按钮。

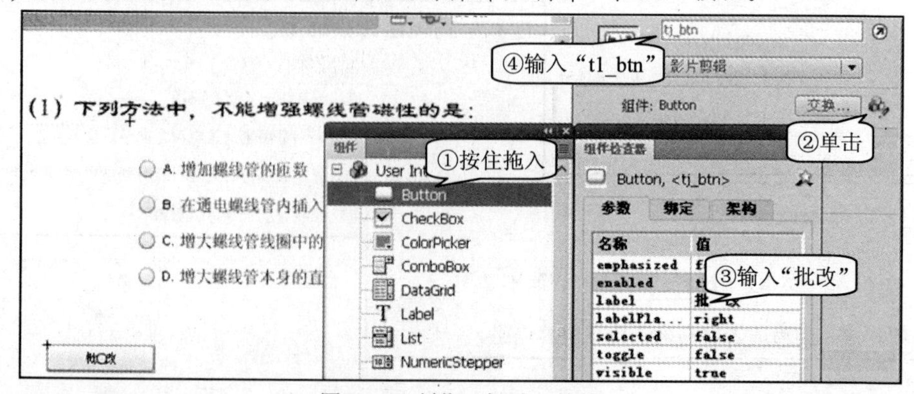

图5-67　制作“批改”按钮

(7) **制作第 2 题选项及批改按钮**　选取“选项”图层第 2 帧，按 F7 键插入关键帧，参照制作第 1 题选项和批改按钮的方法，制作第 2 题选项及批改按钮。

(8) **制作填空题**　选取“选项”图层第 3 帧，按 F7 键插入关键帧，按图 5-68 所示进行操作，制作填空项。

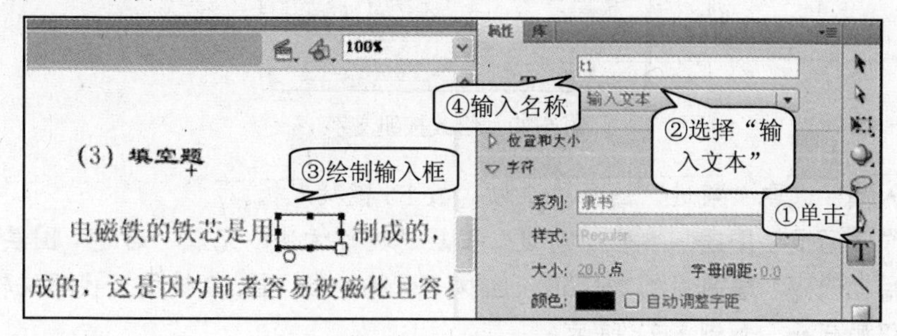

图 5-68　制作填空项

(9) **制作填空题其他部分**　用同样的方法，制作另外一个填空项和批改按钮。

(10) **制作“判断”图层**　选取“判断”图层，从“库”面板中将“批改”影片剪辑元件拖到选择题题干后面，并命名为“dc_mc”，在“判断”图层的第 2 帧处，按 F5 键插入帧。

制作其他图层

分别选取“前进”图层、“后退”图层及代码图层，插入相关按钮和添加控制代码。

(1) **制作“前进”图层**　选取“前进”图层，选择“窗口”→“公用库”→“按钮”命令，按图 5-69 所示进行操作，拖入按钮并命名。

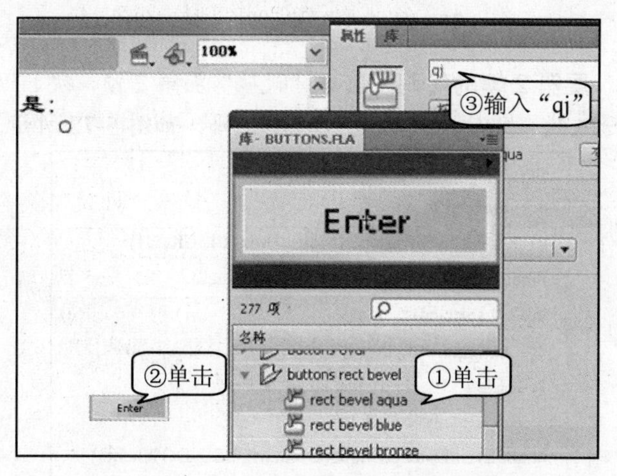

图 5-69　制作“前进”图层

(2) **修改按钮文字**　按图 5-70 所示进行操作，修改按钮文字为“下一题”。

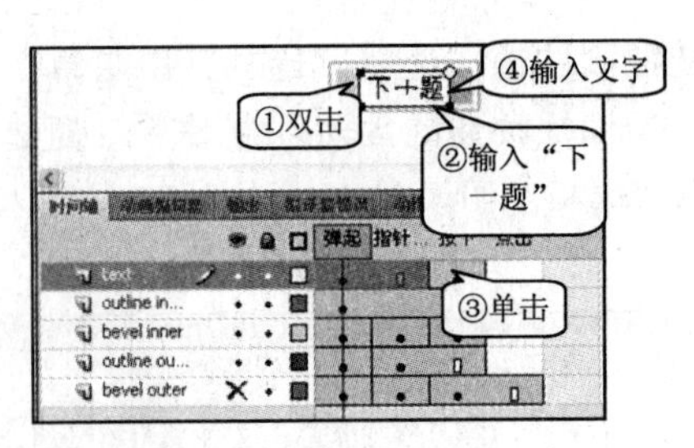

图 5-70　修改按钮文字

(3) **插入帧**　选取“前进”图层第 2 帧，按 F5 键插入帧。

(4) **制作“后退”图层**　参照“前进”图层的制作方法，完成“后退”图层的制作。

(5) **编写“代码”层第 1 帧的代码**　选取“代码”层，按 F9 键进入代码编辑状态，输入程序代码，如图 5-71 所示。

```
stop();
dc_mc.stop();
tj_btn.addEventListener(MouseEvent.CLICK,cd);
function cd(event){
if(d1_4.selected){
dc_mc.gotoAndStop(3);
}else{
    dc_mc.gotoAndStop(2);}      }
qj.addEventListener(MouseEvent.MOUSE_DOWN,qj1)
function qj1(Event:MouseEvent){
 nextFrame();      }
```

图 5-71　编写“代码”层第 1 帧的代码

(6) **编写“代码”层第 2 帧的代码**　选取“代码”层第 2 帧，按 F7 键插入空白关键帧，再按 F9 键进入代码编辑状态，输入程序代码，如图 5-72 所示。

```
stop();
dc1_mc.stop();
tj1_btn.addEventListener(MouseEvent.CLICK,cd1);
function cd1(event){
if(d2_1.selected){
dc1_mc.gotoAndStop(3);
}else{
    dc1_mc.gotoAndStop(2);  }      }
ht.addEventListener(MouseEvent.MOUSE_DOWN,ht0)
function ht0(Event:MouseEvent){
  prevFrame();      }
```

图 5-72　编写“代码”层第 2 帧的代码

(7) **编写“代码”层第 3 帧的代码**　选取“代码”层第 3 帧，按 F7 键插入空白关键帧，再按 F9 键进入代码编辑状态，输入程序代码，如图 5-73 所示，完成“练习”影片剪辑的制作。

```
stop();
pg1_1.stop();
pg1_2.stop();
tj2_btn.addEventListener(MouseEvent.CLICK,cd3);
function cd3(event){
if(t1.text=="铁"){
pg1_1.gotoAndStop(3);
}else{
     pg1_1.gotoAndStop(2);   }
if(t2.text=="钢"){
pg1_2.gotoAndStop(3);
}else{
     pg1_2.gotoAndStop(2);   }   }
ht1.addEventListener(MouseEvent.MOUSE_DOWN,ht2)
function ht2(Event:MouseEvent){
   prevFrame();    }
```

图 5-73　编写“代码”层第 3 帧的代码

5.3　完善和测试课件

在课件的开始部分和主体部分完成后，剩下的任务就是将开头和主体部分集成起来，完善课件，然后再对课件进行测试。

5.3.1　完善课件

回到主场景中，建立相关图层，再将前面制作的影片剪辑，拖到相关图层中，以完成课件的制作。

跟我学

(1) 创建主场景图层　单击场景 1，返回场景 1，创建如图 5-74 所示的图层。

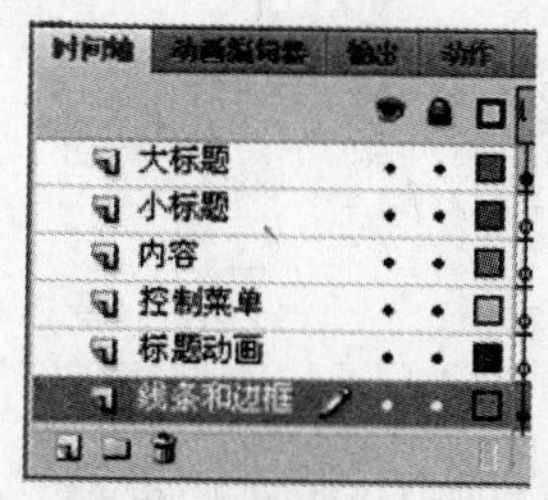

图 5-74　创建主场景图层

(2) **制作“线条和边框”图层** 选择“线条和边框”图层，按图 5-75 所示进行操作，新建“线条和边框”图层。

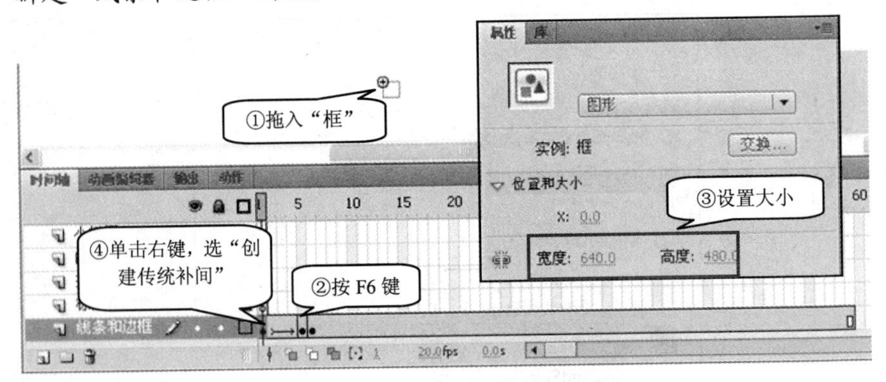

图 5-75 新建“线条和边框”图层

(3) **制作“线条和边框”图层中的其他帧** 选择第 6 帧按 F6 键插入关键帧，从“库”中拖入“上边框”和“下边框”影片剪辑，选择第 60 帧按 F5 键插入帧。

(4) **制作“标题动画”和“标题菜单”图层** 选择“标题动画”图层第 10 帧，从“库”中拖入“标题动画”影片剪辑；选择“标题菜单”图层第 31 帧，从“库”中拖入“菜单”影片剪辑；再分别选中两个图层的第 60 帧按 F5 键插入帧。

(5) **制作“内容”图层** 分别选择“内容”图层第 55 帧～第 60 帧，按 F6 键插入关键帧，修改帧的名称为 a1～a5，参照光盘实例，从“库”面板中拖入相应的元件到帧中。

(6) **制作“大标题”和“小标题”图层** 参照光盘实例，完成“大标题”和“小标题”图层的制作，具体的图层效果如图 5-76 所示。

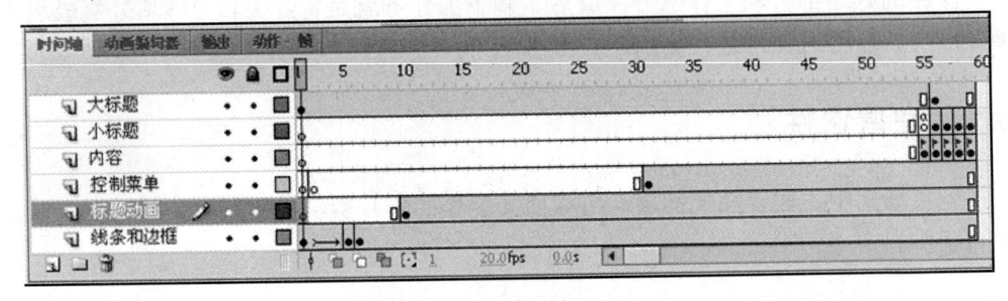

图 5-76 主场景图层效果图

5.3.2 测试课件

测试课件主要是看制作的内容是否达到预期的效果，如果没有达到要求，需返回重新修改后再进行测试和优化。

(1) **测试课件** 选择“控制”→“测试影片”命令，对影片进行测试，如图 5-77 所示。

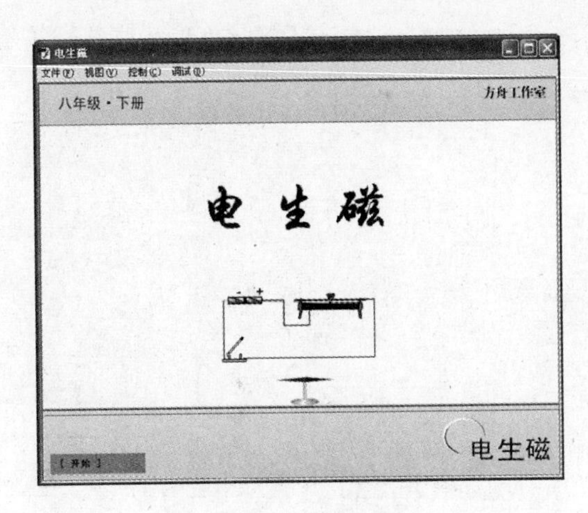

图 5-77　测试影片

(2) **修改课件**　针对测试中没有达到预期效果的部分内容，进行重新修改后再测试。

(3) **保存课件**　选择“文件”→“保存”命令，保存课件。

5.4　小结

本章通过一个完整的课件制作实例，从整体上把握课件的设计，进一步提高制作技巧。从制作课件的开始部分、制作课件主体、课件完善和测试 4 个方面，对使用 Flash 课件制作的技巧进行了完整的呈现，本章需要掌握的主要内容如下。

- 制作课件的开始部分包括图层建立、图形元件及按钮元件的制作，编写简单的 ActionScript 代码。
- 制作课件主体包括详细介绍影片剪辑的制作。
- 完善及测试课件主要介绍元件的集成，以及课件的测试。